太阳能光伏产业——硅材料系列教材

# 直拉单晶硅工艺技术

## 第二版

黄有志　王　丽　主编

郭　宇　　副主编

化学工业出版社

·北京·

本书主要内容包括单晶炉的基本知识、直拉单晶炉、直拉单晶炉的热系统及热场、晶体生长控制器、原辅材料的准备、直拉单晶硅生长技术、铸锭多晶硅工艺、掺杂技术等内容。

本书可作为各类院校太阳能光伏产业硅材料技术专业、新能源专业的教材，也可作为单晶硅生产企业的员工培训教材，还可作为相关专业工程技术人员的参考书。

**图书在版编目（CIP）数据**

直拉单晶硅工艺技术/黄有志，王丽主编. —2 版.
北京：化学工业出版社，2017.7（2024.2重印）
太阳能光伏产业——硅材料系列教材
ISBN 978-7-122-29885-0

Ⅰ.①直…　Ⅱ.①黄…②王…　Ⅲ.①半导体材料-
单晶拉制-生产工艺-教材　Ⅳ.①TN304.053

中国版本图书馆 CIP 数据核字（2017）第 130280 号

---

责任编辑：潘新文　　　　　　　　　　装帧设计：韩　飞
责任校对：王素芹

---

出版发行：化学工业出版社（北京市东城区青年湖南街 13 号　邮政编码 100011）
印　　装：北京印刷集团有限责任公司
787mm×1092mm　1/16　印张 8¾　字数 194 千字　2024 年 2 月北京第 2 版第 7 次印刷

---

购书咨询：010-64518888　　　　　　售后服务：010-64518899
网　　址：http://www.cip.com.cn
凡购买本书，如有缺损质量问题，本社销售中心负责调换。

---

定　　价：32.00 元

# 前　言

目前世界光伏产业以大约 30％ 的年平均增长率快速发展，位于全球能源发电市场增长率的首位。预计到 2030 年，太阳能光伏发电将占世界发电总量的 30％ 以上，到 2050 年，光伏发电将成为全球重要的能源支柱产业。目前很多国家纷纷出台有力政策，制订发展规划，大力发展光伏产业，使光伏市场呈现出蓬勃发展的局面。当前我国已有上千家各种类型的光伏企业，已成为太阳能电池生产大国。中国光伏材料产业热潮催生了上游原料企业的遍地开花，新兴光伏企业不断扩产，各地多晶硅、单晶硅项目纷纷开工，中国光伏产业呈现出繁荣发展的景象。

要发展太阳能光伏产业，专业技术人才是实现产业可持续发展的关键。当前我国硅材料和光伏产业的快速发展与相关专业人才培养相对滞后的矛盾，造成了越来越多的硅材料及光伏生产企业技术人才资源紧张。为培养太阳能光伏专业技术人才，很多职业院校开设了相关专业课程，而教材对支撑课程质量举足轻重，由于太阳能光伏专业是新兴专业，市场上现有的可资借鉴和参考的配套教材比较匮乏，为此编审委员会根据硅材料技术专业岗位群的需要，调研多家光伏企业，结合企业的生产实际状况编写出了太阳能光伏产业系列教材。该系列教材以光伏材料的主产业链为主线，涉及硅材料基础、硅材料检测、多晶硅生产、晶体硅制取、硅片加工与检测、光伏材料生产设备、太阳能电池生产技术、太阳能组件生产技术等多个方向。其中《直拉单晶硅工艺技术》是其中的一本，几年来经过多所职业院校的使用，得到了一致的认可，收到了很好的效果。为了更好地适应当前职业院校光伏专业职业技术人才培养方案的要求，作者根据学校反馈的意见和要求，对本书第一版进行了修订，更正了原书中存在一些错误，根据现在的生产实际状况，更换了一些设备图。全书依旧保持原有编写特色：采用大量篇幅和现场照片阐述直拉单晶硅生产工艺的全过程，以期达到培养实用型人才的目的，理论知识方面以够用实用为原则，浅显易懂，侧重实践技能的操作。

本书由黄有志、王丽任主编，郭宇任副主编，参加编写的人员还有邓丰、杨岍、唐正林等，参加审稿的老师提出了许多宝贵意见和建议，在此表示衷心的感谢。

本书可作为各类院校太阳能光伏产业硅材料技术专业的教材，同时可作为企业对员工的岗位培训教材，也可作为相关专业的工程技术人员参考学习。

随着生产工艺的发展进步，教材内容也存在一个不断优化的过程，在编写过程中，由于笔者经验和水平所限，书中难免存在不足之处，恳请广大读者给予批评指正，以使我们今后更好地修订和完善。

教材编审委员会

**2017 年 3 月**

# 目　　录

# 绪　论

1947 年美国贝尔实验室发明了半导体点接触晶体管，从而开创了人类的硅文明时代。1958 年美国 Texas Instruments 和 Fairchild 公司各自研制发明了半导体集成电路（IC）之后，IC 的发展从小规模集成（SSI）起步，经过中规模集成（MSI），发展到大规模集成（LSI）、超大规模集成（VLSI），现在已进入特大规模集成时代（ULSI），电路的线宽越来越细，现在已经做到 30nm 以下。IC 的发明是人类世界的伟大革命，IC 已成为今天信息时代的基础，IC 的发展程度是国家实力的体现。现在全世界的半导体器件中有 95% 以上是用硅材料制成的，其中 85% 的集成电路是用硅材料做成的。

众所周知，从遥控儿童玩具、计算器、手机、电视机、VCD 机到电脑、因特网络、声光设备、检测设备、自动控制生产线，再到人造卫星、火箭飞行、潜艇远航、宇宙飞船；从现代生活、生产、科研、医疗、教育、管理到军事、航天，各行各业，无不和大规模集成电路紧密相连。制作大规模集成电路的基础材料就是——单晶硅。单晶硅被广泛地用来制作电子元件，如：变容二极管、雪崩二极管、开关管、微波晶体管、整流器件、探测器、晶闸管、大规模集成电路等。集成电路又可分为线性电路、数字电路、双极电路、微处理器、逻辑电路和记忆电路等类别。

近几年来，随着光伏产业的迅猛发展，单晶硅又被用来制作太阳能电池，呈现出供不应求的局面。太阳能电池板在阳光照射下，光能便立即转化成电能，而且不停地发电，可以连续工作 20 年以上。它发出的直流电可直接供给用电器，还可以储存到蓄电池内，再逆变成 220V/380V 交流电，进而组装成太阳能发电机组，供各种家用电器使用，还可将许多硅电池连接起来，组装成光伏电站向国家电网输电。太阳能光伏电池是国家大力推广的、发展前途光明、没有污染的绿色能源。

高科技的发展，要求电路具有很高的可靠性和稳定性，所以生产近乎完美的高质量单晶硅，是每一个材料厂家、器件厂家的共同愿望。这种单晶硅具有良好的断面电阻率均匀性、高寿命、含碳量少、微缺陷密度小、含氧量可以控制的特点。根据用户的不同需要，还可以生产特殊品种的单晶硅材料。

目前，生产单晶硅的方法主要有直拉法、区熔法，其他方法如基座法、片状生长法、气相生长法、外延法等，都因各自的不足未能被普遍推广。直拉法和区熔法比较，又以直拉法为主要，它的投料量多、生产的单晶直径大，设备自动化程度高，工艺比较简单，生产效率高。直拉法生产的单晶硅，占世界单晶硅总量的 70% 以上。

直拉法又称为切克劳斯基法，它是在 1917 年由切克劳斯基（Czochralski）建立起来的一种晶体生长方法，简称为 CZ 法。CZ 法的特点是在一个直筒型的热系统中，用石墨电阻加热，将装在高纯石英坩埚中的多晶硅熔化，然后将籽晶插入熔体表面进行熔接，同时转动籽晶，再反向转动坩埚，籽晶缓慢向上提升，经过引晶、放大、转肩、等径生长、收尾等过程，一支硅单晶体就生长出来了。

直拉法不可避免地要用到石英坩埚，在熔料及单晶生长过程中，一直处在 1400℃

以上的高温下，熔硅和石英坩埚自然要发生化学反应，坩埚中的杂质也就进到单晶中去了，使得单晶硅纯度降低，当拉制电阻率大于 $50\Omega \cdot cm$（欧姆·厘米）以上的单晶时，质量较难控制。这是直拉法的局限性。如果将直拉炉加上磁场，会抑制这种化学反应，可以将电阻率提高到 $80\Omega \cdot cm$ 以上。

为了提高直拉单晶硅的产量，直拉单晶炉的投料量也逐渐增加，目前，国内现有设备的投料量多数在 60kg 以上，直径达到 $\phi6''$（"″"表示英寸 in，$1in = 25.4mm$）以上，国外可以生产拉制 $\phi12''$、$\phi18''$ 单晶的炉型，对应的装料量达到 300kg、500kg，自动化程度也越来越高。目前直径 300mm 的硅单晶已商品化，直径 450mm 的硅单晶已试制成功。通过联机实现中央集成控制，一个人可以同时监控 6~10 台单晶炉。为了提高单晶硅的质量，国际上出现了磁场法拉晶工艺、连续加料工艺等生产设备和工艺方法。

因此，了解和掌握单晶硅生产技术和基本理论，对于从事单晶硅生产的工人、技术人员和管理人员是非常必要的。

此外，太阳能电池大量用到铸锭多晶硅，所以，本书对铸锭多晶硅工艺也进行了介绍。

# •••••••• 第1章　单晶硅的基本知识 ••••••••

**学习目标**

掌握：硅晶体结构、晶面和晶向。
理解：生长界面结构模型。
了解：二维晶核的形成。

## 1.1　晶体和非晶体

自然界的物质通常以三种状态出现：固体、液体及气体，它们是由原子和分子组成的。组成固体和液体的相邻原子之间，其距离为几个埃（Å）（$1Å = 10^{-8}$ cm，$1Å = 10^{-4} \mu m$），相当于 $1cm^3$ 含有 $10^{22} \sim 10^{23}$ 个原子；气体在常温和一个大气压下，$1cm^3$ 含有 $0.7 \times 10^{19}$ 个分子，分子间的平均距离为 30Å 左右。

原子（分子或离子）在三维空间中组成固体时，按同一规律呈规则的排列，这样的物体被称为晶体。自然界中的大多数固体，如大家所熟悉的物质：岩盐、水晶、钻石、明矾、结晶食盐、雪花等都是晶体，如图 1-1，还有铜、铁、铅等金属，锗、硅、砷化镓等半导体材料，石墨、石英等都是晶体物质。甚至有的液体，如"液晶"也属于晶体，不过它的原子只是在二维或一维上具有规则的排列。

有的物质粒子结构是无章的，没有规律性，这样的物体被称为非晶体。非晶体是指组成物质的原子（或分子、离子）在空间不呈有规则、周期性排列的固体。它没有一定规则的外形，如玻璃、松香、石蜡等。它的物理性质在各个方向上是相同的，叫"各向同性"。它没有固定的熔点。

图 1-1　常见的几种晶体：钻石、食盐晶体、雪花晶体

### 1.1.1 晶体大都有规则的外形

在地球上，天然形成的晶体大都具有规则的外形，在珠宝店里常常看到水晶原矿石，每一个晶粒都是由很多光洁的小平面围成的多面体，很有规则，闪闪发光，它们就是晶体。又如岩盐，外形是正方体，如图1-2(a)所示。

人工生长的晶体，晶体外形也能显露出来，如食盐，在含尿素溶液中生长的食盐为八面体，在含硼酸的溶液中生长的为立方体兼八面体，如图1-2(b)所示。

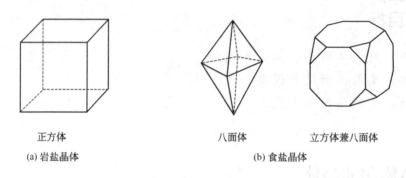

正方体　　　　　　　　　八面体　　　　　立方体兼八面体

(a) 岩盐晶体　　　　　　　　　　　　　(b) 食盐晶体

图 1-2　晶体外形

人工生长的直拉硅单晶也是一种晶体，沿〈111〉方向生长的，有三条或六条对称分布的棱线；沿〈100〉方向生长的，则有四条对称分布的棱线，如图1-3所示。将〈111〉取向的硅单晶片弄碎，会发现小碎片为正三角形，而〈100〉取向的小碎片则为矩形。在外力作用下，硅单晶片往往沿着解理面裂开，晶向不同，解理面的方位也不同。

图 1-3　〈100〉晶向的硅单晶在放肩部位有 4 条对称的棱

〈111〉晶向的硅单晶在放肩部位有 6 条对称的棱

天然形成的非晶体没有规则的外形，如松香。石蜡、玻璃、塑料也是非晶体，没有规则的外形。将其打碎，不会出现解理面，而是无规则的碎裂。

由于组成晶体的原子（分子或离子）具有规则的排列这一本质，决定了晶体内部出现若干个晶面，晶体具有规则的外形就是由这些晶面围成的。例外也有，如某些金属、合金等尽管是晶体，但却没有规则的外形。

### 1.1.2　晶体具有一定的熔点

将晶体（或非晶体）逐渐加热，每隔一定时间测量一下它们的温度，一直到它们全部熔化（或者成为熔体），可以作出温度和时间关系的曲线-熔化曲线，如图 1-4（或图 1-5）所示。

从晶体的熔化曲线（图 1-4）中可以看到：从 $a$ 点开始，当晶体从外界吸收热量时，其内部分子、原子的平均动能增大，温度也开始升高，但还没有破坏其空间点阵，仍保持有规则的排列，也就是说还维持着固体状态。到达 $b$ 点后，晶体温度保持不变，进入一个温度平台 $bc$，从 $b$ 点开始，其分子、原子的剧烈运动达到了破坏规则排列的程度，某些空间点阵也开始解体，从固体开始变成液体，晶体的一部分开始熔化，余下的还是固体。无论熔化了已经变成的熔体，或尚未熔化的固体都处在同一个温度值，尽管继续加热，温度却始终保持不变，这个温度就是晶体的熔点。在熔点温度时，固体吸收的热量，用来逐步地破坏晶体的空间点阵，用来将固态转化为液态，所以整个温度并不升高。随着时间推移，液体逐渐增加，固体逐渐减少，直到全部固态熔化成液体为止，即到达 $c$ 点，如果再继续加热，整个液体的温度又继续上升，如 $cd$ 段所示。

同样，可以作出非晶体的熔化曲线，如图 1-5，可以看到，非晶体没有温度平台，随着时间的推移，温度不断升高，$bc$ 段很难说是固态还是液态，而是一种软化状态，

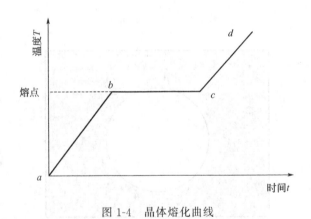

图 1-4　晶体熔化曲线

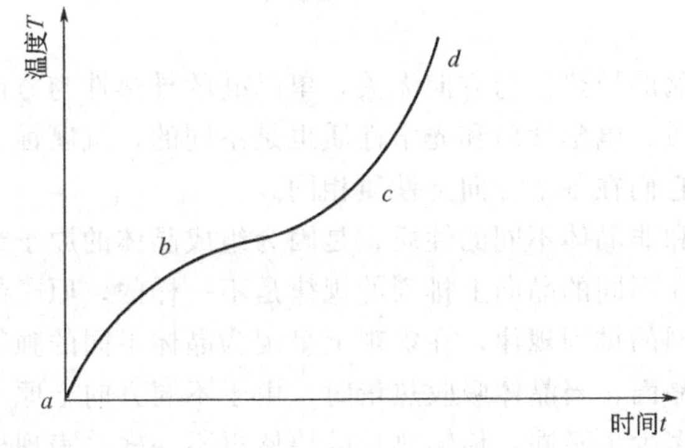

图 1-5　非晶体熔化曲线

不具有流动性，温度继续升高就成为液体。

晶体具有确定的熔点，非晶体没有确定的熔点，这是晶体和非晶体之间最明显的区别。熔点是晶体从固态转变到液态（熔化）的温度，也是从液态转变为固态（凝固）的温度。

### 1.1.3 晶体的各向异性

晶体的物理性质和化学性质，会随着晶体的晶向不同而有所不同，称为晶体的各向异性。下面做一个实验，在薄的单晶硅片上和玻璃片上都涂上石蜡，分别用一个加热的金属针尖放在硅片和玻璃片上，就会发现，触点周围的石蜡逐渐熔化，玻璃片上的熔蜡形状呈圆形，单晶硅片上的呈圆弧三角形，如图 1-6 和图 1-7 所示。

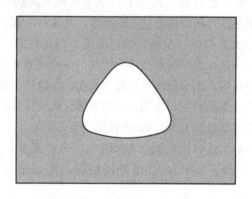

图 1-6 〈111〉单晶硅片

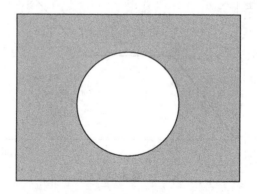

图 1-7 玻璃片

以上实验说明玻璃的导热性与方向无关，单晶硅的导热性与方向有关。晶体在不同的方向上，其力学性质、电学性质和光学性质也是不同的，抗腐蚀、抗氧化的性质也不同。非晶体则不然，它们在各个方向上性质相同。

晶体之所以具有和非晶体不同的性质，是因为组成晶体的原子或分子是按一定规律周期性对称排列的，在不同的晶向上排列的规律是不一样的，原子的空间点阵和疏密程度也是不一样的。不同的排列规律，在宏观上呈现为晶体不同的独特几何形状，呈现出不同的外形和不同的晶面，当晶体吸收热量时，由于不同方向上原子排列疏密不同，间距不同，吸收的热量多少也不同，传输热量的快慢也不一样，表现出不同的传热系数和膨胀系数。所以，在不同的晶向上性质也不相同，呈现出各向异性的特点。

非晶体的内部组成是原子无规则的均匀排列，没有一个方向比另一个方向特殊，如同液体内的分子排列一样，形不成空间点阵，吸收热量后不需要破坏其空间点阵，只用来提高平均动能，所以当从外界吸收热量时，便由硬变软，最后变成液体，故表现为各向同性。玻璃、蜂蜡、松香、沥青、橡胶等就是常见的非晶体。

# 1.2　单晶和多晶

## 1.2.1　单晶

在晶体中，晶体的各个部分，从上到下，从里到外，所有的原子、分子或离子都是有规则地排列着，组成了一个空间点阵。这种排列具有周期性、对称性，它们的结晶方向都是相同的。根据这种周期性和对称性，总可以找到一个最小的结构单元，而它周围的结构，其实就是将它重复排列的结果，最终组成了整个晶体，这个结构单元称为晶胞，它能体现晶体的基本性质，它是组成晶体的最小单元。也可以理解为，同一种晶胞在三维空间里不断地重复平移（当然必须是按照这种晶体的原子排列规则进行平移），就组成了晶体，这样的晶体称为单晶体，还可以说，该物体的质点按同一取向排列，由一个核心（称为晶核）生长而成的晶体就是单晶体。

单晶体有大有小，小到一个晶胞、一个晶粒，大到几百千克。之所以将它称为单晶体是因为组成它的物质是相同的，组成它的所有晶胞的晶向是相同的。因此，有的还具有规则的外表面和棱线。

(a) 单晶硅片

(b) 多晶硅片

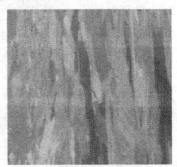

(c) 多晶硅片

图 1-8　单晶硅片和多晶硅片的照片

### 1.2.2 多晶

一个物体包含了很多个晶体（晶粒），这些晶体杂乱无章地聚结组合在一起，具有多种晶向，晶体之间的原子排列发生了变异，从而产生了界限，称为晶界。从单独一个晶体看，具有单晶体的性质，但从整个物体看，却没有单晶的性质，各向异性的特征消失，这个物体虽然是晶体，但不具备周期性和对称性，也不具备同一个晶向，这种物体称为多晶体，它是由大量结晶学方向不相同的晶体组成的。

因为多晶中各个晶粒的取向不同。在外力作用下，某些晶粒的滑移面处于有利的位向，当受到较大的切应力时，位错开始滑移。而相邻晶粒处于不利位向，不能开动滑移系时，则变形晶粒中的位错不能越过晶粒晶界，而是塞积在晶界附近，这个晶粒的变形便受到约束。所以，多晶的变形困难一些。单晶的塑性形变相对容易些，在外力作用下，容易沿着解理面剖开。

图1-8是单晶硅片和多晶硅片的实物照片，可以清楚地看出多晶硅片上有很多的晶粒，晶粒之间有明显的晶界，由于晶向各不相同，呈现出深浅不同的色差。单晶片色调一致，没有色差。

人工制取单晶过程中，有时发生晶变就可能生成双晶或者多晶。

## 1.3 空间点阵和晶胞

晶体是由原子、分子或离子等在空间按一定规律排列组成的。这些粒子在空间排列时具有周期性、对称性。同一种物质粒子在空间进行不同的排列，形成的晶体是不一样的，各自具有不同的外形和不同的性质。例如，石墨和金刚石都是碳原子组成的，但石墨为层状结构，黑色，各层之间是范德华力结合，容易滑动，所以石墨很软；金刚石为正方体结构，透明，坚硬。尽管它们都是碳原子组成的，是相同的粒子，但是由于结构不同，它们的性质迥然不同，如图1-9和图1-10所示。不同物质的粒子，若有相同的

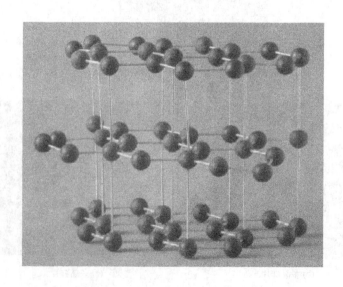

图1-9　石墨原子排列结构图

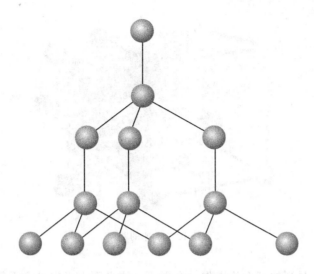

图 1-10　金刚石原子排列结构图

排列，晶体性质也不相同。

　　把晶体的微观结构放大很多倍，就会看到很多粒子分布在空间，仔细观察研究后发现，它们的这种分布或者排列很有规律，为了研究晶体中的原子、分子或离子的排列，把这些粒子的重心作为一个几何点，叫做格点，粒子的分布规律用格点来表示。晶体中有无限多个格点，它们在空间是按一定规律分布的，这种有规律的格点分布称为空间点阵，如图 1-9～图 1-12 所示。

　　在空间点阵中，通过两个格点作一条直线，这一直线上一定含有无数格点。格点间的距离总是相等的，称为晶格常数，这样的直线叫晶列。互相平行的晶列叫晶列线，所有互相平行的晶列线称为晶列族，一个晶列族里包含了晶体的全部格点。直拉单晶硅表面的棱线就是晶列的宏观表现。

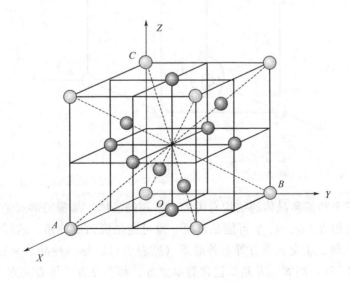

图 1-11　金刚石晶胞

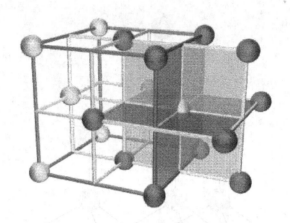

图 1-12   干冰的晶格

通过不在同一晶列的三个格点作一个平面，这平面上必定包含无数格点，这样的平面叫晶面。直拉单晶硅表面的小平面就是晶面的宏观表现。

在空间点阵中，取三个不同的晶列族，它们将空间分为无数个格子，称为晶格，原子（分子或离子）就占据在格点上，如图 1-11 和图 1-12 所示，组成了空间点阵。

点阵的排列往往呈对称形，其对称轴称为晶轴。以一个格点为原点，可以在晶体中选取三个互不平行的晶轴（$X$ 轴、$Y$ 轴、$Z$ 轴）作为坐标系，以晶轴上两个相邻格点间的距离为晶格常数，记为 $a$、$b$、$c$。三个轴之间的夹角分别用 $\alpha$、$\beta$、$\gamma$ 来表示。这样，研究晶格结构就方便多了，如图 1-13 所示。

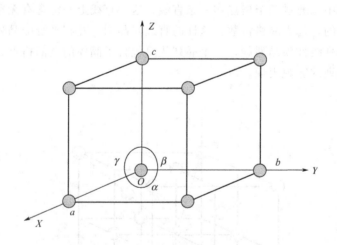

图 1-13   空间点阵坐标

$\alpha$、$\beta$、$\gamma$ 三个角是和晶体的结构有关的，不同的晶体，晶胞的形式是不同的，所以 $a$、$b$、$c$ 不一定相等；$\alpha$、$\beta$、$\gamma$ 可能是直角，也可能是锐角或钝角。这样又可以分为不同的晶系，如三斜、正交、立方等七种晶系（见表 1-1）。每一种晶系又包含 1～4 种点阵结构，共计 14 种。例如立方晶系包含简单立方、面心立方、体心立方三种点阵结构，如图 1-14 所示。

表 1-1　几种晶系的比较

| 晶系 | 晶格常数和晶轴夹角 | 晶系 | 晶格常数和晶轴夹角 |
|---|---|---|---|
| 三斜 | $a \neq b \neq c, \alpha \neq \beta \neq \gamma$ | 立方 | $a = b = c, \alpha = \beta = \gamma = 90°$ |
| 单斜 | $a \neq b \neq c, \alpha = \beta = 90° \neq \gamma$ | 三角 | $a = b = c, \alpha = \beta = \gamma < 120° \neq 90°$ |
| 正交 | $a \neq b \neq c, \alpha = \beta = \gamma = 90°$ | 六方 | $a \neq b \neq c, \alpha = \beta = 90°, \gamma = 120°$ |
| 四角 | $a = b \neq c, \alpha = \beta = \gamma = 90°$ | | |

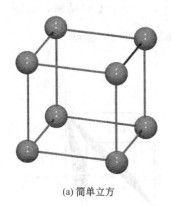
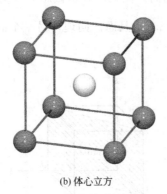
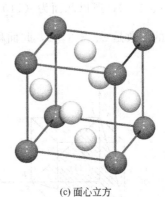

(a) 简单立方　　　　　　　　(b) 体心立方　　　　　　　　(c) 面心立方

图 1-14　立方晶系的几种点阵

　　硅晶体是金刚石结构，系立方晶系，可以看成两个沿对角线方向错开 1/4 对角线长度的面心立方晶格所构成，晶胞为正方体，有八个顶点，六个面的中心各有一个格点，并和周边的晶胞共同拥有这些格点；每条空间对角线上距顶点四分之一对角线上各有一个格点属于该晶胞自己所有（见图 1-11），因此，这个单位晶胞占有的原子数为

$$8 \times \frac{1}{8} + 6 \times \frac{1}{2} + 4 = 8$$

## 1.4　晶面和晶向

　　既然不同的晶体具有不同的性质，是因为晶胞具有不同的型式，那么，科学地描述晶胞的不同结构就显得非常重要。

　　如前所述，可以建立一个坐标系。对立方晶系来说，通常取一个原子为原点，而取立方体晶胞的三个互相垂直的边（$OA$、$OB$、$OC$）为三个坐标轴，组成 $X$、$Y$、$Z$ 直角坐标系（如图 1-15 所示）。这里的 $A$、$B$、$C$ 为处在坐标轴上离原点最近的三个原子，$OA$、$OB$、$OC$ 是等长的（参看表 1-1），长度为 $a$，称为晶格常数，一般以 $a$ 为该坐标系的长度单位。这样，利用直角坐标系，就可以方便地描述晶格结构了。

　　坐标轴确定以后，晶面、晶向的方位便完全确定了。设有一个晶面，它与 $X$、$Y$、$Z$ 三个坐标轴相交于 $A$、$B$、$C$ 三个点，以晶格常数 $a$ 为长度单位，它们的截距分别是 $r$、$s$、$t$ 个长度单位，然后取倒数，则为 $\frac{1}{r}$、$\frac{1}{s}$、$\frac{1}{t}$，并把它们化成最小的整数比：$h$、

$k$、$l$，最后写在圆括号里成为（$hkl$）。于是就用（$hkl$）表示这个晶面。$h$、$k$、$l$，称为晶面指数，又叫密勒指数。截距为负值时，将负号写在指数的上方。

为了说明此方法，下面以立方晶系（见图 1-15）为例，来标出带虚线的晶面指数，由表 1-1 可得，图（a）所示的晶面和 $X$、$Y$、$Z$ 轴截距分别为一个单位长度，即 $r=s=t=1$，即 1、1、1，其倒数值仍是 1、1、1，每个值都已经是最小整数比了，所以此面为（111）晶面。图（b）的晶面在 $X$、$Y$、$Z$ 轴上截距分别为 1、1 和 $\infty$，截距的倒数为 1、1、0，所以此面为（110）晶面。图（c）表示截距分别为 $\frac{1}{2}$，$-\frac{1}{3}$，1 的晶面，截距的倒数是 2、$-3$、1，此面称（$2\bar{3}1$）晶面。同理，另一个晶面为（$0\bar{1}1$）晶面。

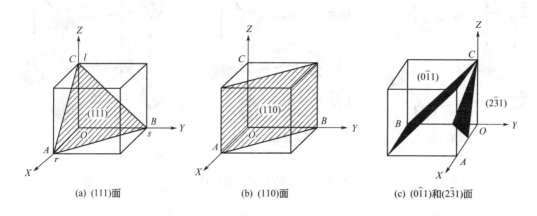

（a）（111）面   （b）（110）面   （c）（$0\bar{1}1$）和（$2\bar{3}1$）面

图 1-15　晶体的几种晶面

在晶体中（特别是在立方晶系中），由于原子的排列具有高度的对称性，往往存在许多原子排列完全相同但彼此不平行的对称晶面，例如：面心立方晶体的（100）、（010）和（001）彼此在空间不平行，但其面上的原子排列是相同的。排列相同但彼此不平行的一系列晶面总称为晶面族，用〔 〕表示，即 ﹛$hkl$﹜。例如 ﹛100﹜晶面簇包括（100）、（010）、（001）三个晶面，参看图 1-17 和图 1-14 面心立方图。

为了标出晶向，通过坐标原点作一直线平行于晶面的法线方向，也即垂直于该晶面，如图 1-16（b）所示，在直线上取一个点 $R$，然后作 $\overrightarrow{OR}$ 在三个坐标轴上的投影，如 $\overrightarrow{OR}$ 在 $X$ 轴上的投影为 $OA$（长度为 $a$）；在 $Y$ 轴的投影为 $OB$（长度为 $a$）；在 $Z$ 轴上的投影为 0（如果投影为负值时取负数），于是，晶向指数就确定了，即 $a$、$a$、0，再化简为简单的整数比，即 1、1、0，然后用"［］"括起来，即晶向指数为 ［110］。

对立方晶系，晶向具有与它垂直的晶面相同的指数，如：$X$ 轴垂直于（100）面，所以 $X$ 轴代表的晶向是 ［100］。同理 $Y$ 轴代表 ［010］晶向，$Z$ 轴代表 ［001］晶向。与晶面族一样，也可以用晶向族来代表那些彼此不平行，但性质等同的所有晶向，并用"〈 〉"来表示，例如晶向族〈100〉包括 ［100］、［010］和 ［001］三个等同的晶向。

为了让大家更深入地理解立方晶系中的主要晶面及晶向的关系以及各晶面间的相互位置，特作图 1-16～图 1-18 供大家分析理解。

在理解晶面、晶向的概念时，应该注意以下几个问题。

① 晶面指数有正、有负，这是由于选定的坐标轴方向决定的，相同的晶面指数，仅仅符号相反，实际上是同一个晶面，它们是互相平行的，如（100）∥（$\overline{1}$00），（101）∥（$\overline{1}$0$\overline{1}$）；晶向也一样，如［010］∥［0$\overline{1}$0］，［110］∥［$\overline{1}\ \overline{1}$0］。也可以这样理解：对应指数之和均为零的晶面（或晶向）相互平行。

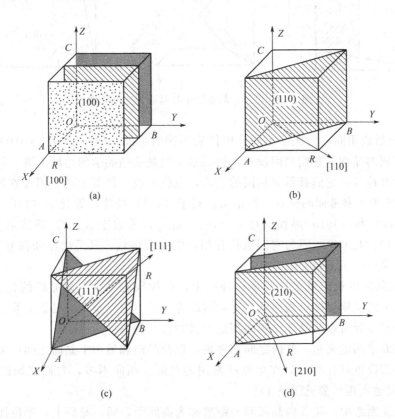

图 1-16　立方晶系中的几个晶面及晶向

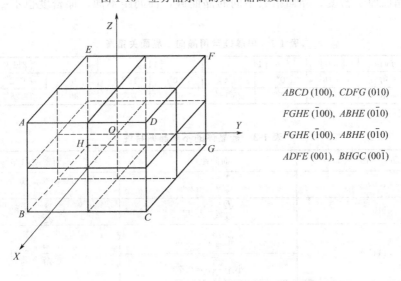

ABCD (100), CDFG (010)

FGHE ($\overline{1}$00), ABHE (0$\overline{1}$0)

FGHE ($\overline{1}$00), ABHE (0$\overline{1}$0)

ADFE (001), BHGC (00$\overline{1}$)

图 1-17　{100} 晶面族中各晶面相互位置图

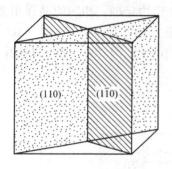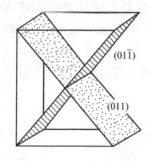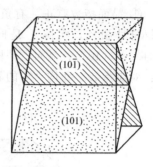

图 1-18 {110} 晶面族中各晶面相互位置图

② 晶面指数相同，但次序不同，则代表不同的晶面，如（100）、（010）、（001），代表三个不同的晶面，它们之间没有平行关系。但是从结晶学的角度上讲，只要指数相同不管次序及符号，它们都具有相同的性质，也就是说，是等效的。因此在国标 GB/T 12964—1996 关于参考面的位置一栏指出：对于（111）硅片，等效于 {110} 面族的有（1$\bar{1}$0）、（01$\bar{1}$）和（$\bar{1}$01）晶面；对于（100）硅片，等效于 {110} 面族的有（01$\bar{1}$），（011），（0$\bar{1}$1），（01$\bar{1}$）。因为它们也具有相同的晶面指数，只是次序和符号不同而已。如表 1-3 所示。

③ 不同晶向生长的单晶硅，不仅外形上，如棱线的多少、显晶面的位置有差异，而且横断面上的位错腐蚀坑的形状，定向时的光点反射图以及不同晶面的腐蚀速度等都不一样，这些差异可以从晶体结构的理论中得到很好的解释。

各个晶面之间的夹角，晶向之间的夹角，以及晶向和另一个晶面之间的夹角都可以通过它们的指数进行计算，好在单晶硅常用的晶面、晶向不多，它们之间的关系如表 1-2 所示（其他夹角可参见附录4）。

在同一晶面族中，相邻两晶面间的距离称为面间距，同一晶面上，单位面积中的原子数称为晶面原子密度。晶面指数不同的晶面族，面间距不同，面密度也不一样。晶体

表 1-2 单晶硅常用晶向、晶面关系表

| 晶向（生长方向） | [100] | [110] | | [111] | | [211] | | |
|---|---|---|---|---|---|---|---|---|
| 与〈111〉晶面夹角 | 35°16′ | 0° | 54°44′ | 90° | 19°28′ | 0° | 70°32′ | 28°08′ |
| 与〈111〉晶向夹角 | 35°44′ | 90° | 35°16′ | 0° | 70°32′ | 90° | 19°28′ | 61°52′ |

表 1-3 硅晶体的不同晶面特性

| 晶　面 | 面间距/Å | 面密度（$1/a^2$） |
|---|---|---|
| （100） | $\frac{1}{4}a=1.36$ | 2.00 |
| （110） | $\frac{\sqrt{2}}{4}a=1.92$ | $\frac{4}{\sqrt{2}}=2.83$ |
| （111） | 大距 $\frac{\sqrt{3}}{4}a=2.35$ | $\frac{4}{\sqrt{3}}=2.31$ |
| | 小距 $\frac{\sqrt{3}}{12}a=0.78$ | |

注：硅的晶格常数 $a=5.43$Å。

中原子总数是一定的，面间距较小的晶面族，晶面排列密，晶面原子密度小；面间距较大的晶面族，晶面排列较稀，晶面原子密度大。总之，晶面指数高的晶面族，面间距小，原子面密度小；晶面指数低的晶面族，面间距大，原子面密度也大如表 1-3 所示。

晶体生长时，各晶面指数不同，法向生长速度也不同。对于硅单晶，（100）晶面法向生长速度最快，（110）晶面次之，（111）晶面最慢。

晶体用腐蚀液腐蚀，各晶面腐蚀速率也不同，（100）晶面腐蚀速率最快，（110）晶面次之，（111）晶面最慢。

# 1.5　晶体的熔化和凝固

组成晶体的微粒有原子、分子、离子。阴阳离子间以离子键结合，形成离子晶体。分子间以范德华力（又称分子间作用力）结合，形成分子晶体。原子间以共价键结合，形成原子晶体。结合力的大小决定了晶体的某些性质，如熔点、沸点的高低，硬度等。

这些粒子处于不停地运动状态，粒子运动的强弱受环境的影响（如温度、压力等）。温度降低，粒子热运动减小，温度上升，粒子热运动加剧。温度升到物质熔点时，晶体内粒子热运动能量很高，但是，由于晶体的晶格间有很大的结合力，温度虽然已达到熔点，但晶体内粒子热运动还未能克服晶格的束缚，因此在一段时间内，必须继续供给晶体热量，使得晶体内粒子的热运动进一步加剧，才能克服晶格的束缚作用，晶格结构才能被破坏，晶格结构破坏了，固态结构就转变成液态了，成了非晶体。在这段时间内，所加热量只是为了加剧粒子的热运动，用来克服粒子间的结合力，所以温度却并不升高（如图 1-20 的温度平台所示）。全部熔化后，如果继续加热，液体的温度又会随着上升。

与熔化相反的过程叫凝固，也叫结晶，即由液态向固态晶体转化。当温度降到凝固点时，液体并不马上结晶变成固体，而是继续吸收冷量（然而温度却不下降），以降低粒子的热运动，让粒子慢慢地安静下来，它们之间的距离越来越近，逐步恢复被破坏的晶格结构，液体就结晶为固体了。

在极其缓慢的加热（或冷却）过程中，每隔一定时间测定晶体（或液体）的温度，然后绘制成温度-时间的关系曲线，如图 1-19 所示。这种分析方法可以用来测定晶体的熔化（或凝固）温度。

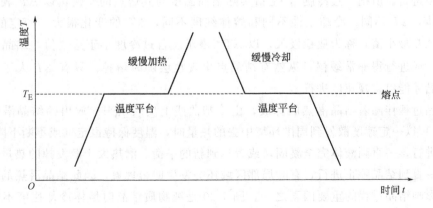

图 1-19　晶体加热或冷却的理想曲线

从曲线图上可以看出，加热或冷却时都有一段时间温度保持不变，即"温度平台"。这一平台相对应的温度就是该晶体的熔点。在理想情况下（可逆过程）两个平台对应的温度是一致的。晶体在熔化和凝固过程中保持温度不变，因为晶体在由固态向液态转变过程中，需要供给必要的热量，使晶体内粒子有足够的能量，破坏固态结构，变成液态。反之，凝固时必须放出热量，减少热运动能量，使液态下的粒子稳定地固定在晶格点上，成为固态晶体。因此在加热或冷却曲线上会出现所谓"温度平台"。晶体熔化时吸收的热叫熔化热；结晶时放出的热，叫结晶潜热。结合力越强，晶体的熔沸点越高，晶体的硬度越大。

一般说来，晶体的熔点越高，它的熔化热（或结晶潜热）也越大，硅的熔点为 (1416±4)℃。它的熔化热（或结晶潜热）为 12.1 千卡/克（1 卡＝4.1868 焦耳）。

# 1.6　结晶过程的宏观特征

理想情况下的熔化和凝固曲线，与实际结晶和熔化的曲线不同。实际冷却速度不可能无限缓慢，有一定的冷却速度，冷却曲线会出现如图 1-20 所示的情况。

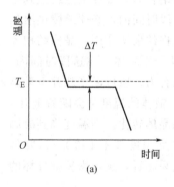
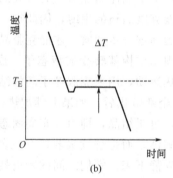
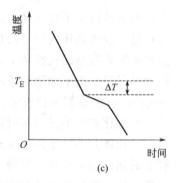

图 1-20　冷却曲线

这三条曲线表明：液体必须有一定的过冷度。结晶才能自发进行，即结晶只能在过冷熔体中进行。所谓"过冷度"，是指实际结晶温度与其熔点的差值，以 $\Delta T$ 表示。不同的熔体，$\Delta T$ 不同；冷却条件不同和熔体纯度不同，$\Delta T$ 的变化很大。一定的熔体，有一个 $\Delta T$ 最小值，称为亚稳极限，以 $\Delta T^*$ 表示。若过冷度小于这个值，结晶几乎不能进行，或进行得非常缓慢，纵然有结晶点出现也会随时熔掉。只有 $\Delta T$ 大于 $\Delta T^*$，熔体结晶才能以宏观速度进行。

结晶过程伴随着结晶潜热的释放，由冷却曲线上反映出来。放出的结晶潜热等于（或小于）以一定速度散发到周围环境中去的热量时，温度保持恒定（或不断下降），结晶继续进行，一直到液体完全凝固，或者达到新的平衡。潜热大于散发掉的热量，温度升高，一直到结晶停止进行，有时局部区域还会发生回熔现象。因此结晶潜热的释放和逸散是影响结晶过程的重要因素之一。图 1-20 是纯物质结晶时熔体冷却速度不同的几种冷却曲线示意图。曲线中各转折点表示结晶的开始或终结，其中图(a) 表示接近于平衡过程的冷却，结晶在一定过冷度下开始、进行和终结。由于潜热释放和逸散相等，所以结晶温度始终保持恒定，完全结晶后温度才下降。图（b）表示由于熔体冷却略快或其他原因，结晶在较大过冷度下开始，结晶较快，释放的结晶潜热大于热的逸散，温度逐渐回升，一直到二者相等，此后，结晶在恒温下进行，一直到结晶过程结束温度才开始下降。图（c）表示冷却较快，结晶在很大的过冷度下开始，潜热的释放始终小于热的逸散，结晶始终在连续降温过程中进行，直到结晶终结，温度下降更快。图（c）中的情况只能在体积较小的熔体中或大体积熔体的某些局部区域内才能实现。

众所周知，在熔点以上的温度时，液态是稳定的，所以，固态势必向液态转化即熔化；反之，在熔点以下的温度时，固态是稳定的，液态会自动向固态转变，即结晶；如果处在熔点温度，这时，过程是可逆的，有时可能结晶，有时可能熔化，处于固液共存的平衡状态。

单晶硅的生长是把液态硅结晶成固态硅，只有在温度低于熔点时，才能产生自发结晶的过程，因此，熔体过冷是自发结晶的必要条件。

# 1.7 晶核的形成

液体结晶成晶体，总得首先从一个结晶核开始，然后逐步长大成为晶体。这个结晶核称为晶核。晶核的形成有两种方式：液体内部由于过冷，自发生成的叫作自发晶核；借助于外来固态物质的帮助，如在籽晶、坩埚壁、液体中的非溶性杂质等表面上产生的晶核，称为非自发晶核。

自发晶核形成的过程如下。

晶体熔化后成液态（熔体），固态结构被破坏，但在近程范围内（几个或几十个原子范围内）仍然是动态规则排列，即在某一瞬间，近程范围内的原子排列和晶体一样有规则；另一瞬间，某个近程范围内的原子，由于原子的振动（热运动）跑走几个，但在新的近程范围内仍然是有规律的排列，因此，液态结构与固态和气态相比，更接近固态。晶体的液态结构和固态结构比较，液态时的原子结合力较弱，远程规律受到破坏，近程仍然继续保持着动态规则排列的小集团，这小集团称作晶体的晶胚。晶胚与晶胚之间位错密度很大，类似于晶界结构。熔体原子的激烈振动，使得近程有序规律瞬时出现，瞬时消失。某个瞬间，熔体中某个局部区域的原子可能在瞬间聚集在一起，形成许多具有晶体结构排列的小集团，这些小集团也可能瞬时散开。但是，只要熔体具有一定的过冷度，晶胚总是要长大的，人们发现，当晶胚长大到一定的尺寸 $r_c$（称为晶胚临界半径），这时就有两种趋势：能够继续长大的，它就变成了晶核，不能继续长大的，仍然是晶胚。晶胚不稳定，不能长时间存在，它不具备晶体的一切性质。只有长大成晶核后才是稳定的，才具有晶体的一些性质，晶核再继续长大就是结晶的开始。

晶胚的临界半径 $r_c$ 的大小与溶体的过冷度有直接关系，过冷度越大，临界半径就越小，也就是说最容易形成晶核。过冷度越小，临界半径就越大，越不容易产生晶核。所以，有时尽管熔体有过冷度，但因为太小，晶胚长大时，超不过临界半径，形成不了晶核，只能处在亚稳定状态，没有结晶的可能。

非自发成核就容易多了。例如，籽晶插入熔体后，籽晶就起到了结晶核心的作用。

结晶就在籽晶上进行，籽晶成了非自发晶核。再如熔体有非熔性杂质，或者坩埚壁上某点，都可能成为成核的基底生成非自发晶核。非自发晶核形成时所需要的功要比自发晶核形成时所需要的功小，非自发晶核容易形成。也就是说，在固体杂质上比在熔体内部更容易形成晶核。

从上面的分析可以得出下面的结论。

① 在制备单晶时，只允许生成一个晶体，而不能有两个或者多个晶体，因此必须保证晶核的唯一性，即只能产生一个晶核。在直拉法单晶工艺中，通常是在熔体里面人为地加入一个晶核——籽晶，它就是个单晶体，籽晶就是一个非自发晶核，就可以直接在籽晶上生长出单晶来。

② 熔体中，如果存在其他的固体杂质，则容易以该杂质为基底形成非自发晶核，熔体中存在两个以上的晶核，晶体就不成单晶。在拉制单晶硅时，坩埚边结晶、掉渣等均会产生新的非自发晶核，另外，炉子漏水、漏油、漏气或者掺杂剂中存在非熔性杂质等；石英渣、多晶夹杂的碳、氩气管道漏气，甚至腐蚀清洗不干净等，都有可能形成新的非自发晶核，致使单晶无法正常生长。

③ 为了保证单晶的正常生长，除了籽晶以外，不能形成其他任何非自发晶核，因此自发晶核也不能形成。这就要求热系统具有合理的温度梯度，同时创造合适的熔体过冷度。在单晶的整个生长过程中，只允许液体在籽晶的诱导下有规则地进行粒子排列，才能保证单晶的顺利生长。

## 1.8 二维晶核的形成

设想有一个晶面，晶面上既无台阶也无缺陷，是一个理想的平面，那么，单个孤零零的液相原子扩散到这个晶面上是很难稳定的，即使瞬时稳定住，最终也会跑掉。因为，晶体生长界面上与单个原子相邻的原子数太少，它们难以牢靠地结合。在这种情况下，晶体生长只能依靠二维晶核的形成。熔体系统能量涨落，一定数量的液相原子差不多同时落在平滑界面上的邻近位置，形成一个具有单原子厚度 $d$ 并有一定宽度的平面原子集团，称为二维晶核（见图1-21）。根据热力学分析，这个集团必须超过结晶条件中规定的临界值才能稳定住，称为晶核临界半径，如图1-21中所示的 $r$。二维晶核形成所需要的功和其晶核临界半径与熔体过冷度成反比。熔体过冷度越大，临界半径越小，成核越容易；反之，熔体过冷度越小，临界半径越大，形成核所需的功越大，成核越困

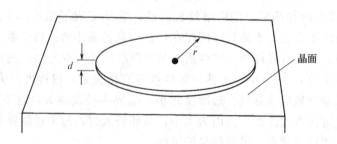

图1-21　二维晶核的生长模型

难。二维晶核形成后，它的周围就形成了台阶，以后生长的单原子就会沿着台阶铺展，原子铺满整个界面一层，生长面又成了理想平面，又须依靠新的二维晶核形成，否则，晶体不能生长，晶体用这种方式多次重复，完成生长。这就是"二维表面成核，侧向层状生长"的理论模型。

## 1.9　晶体的长大

熔体中有晶核形成后，熔体会开始结晶。在单晶的成长过程中，晶核出现后，就会进入长大阶段。从宏观上来看，晶体长大是晶体界面向液相中推移的结果。微观分析表明，晶体长大是液相原子扩散到固液界面上的固相表面，按晶体空间点阵规律，占据适当的位置稳定地和晶体结合起来。为了使晶体不断长大，要求液相必须能连续不断地向结晶界面供应原子，结晶界面不断地牢靠地接纳原子。晶体长大时，液相不断供应原子不困难，结晶界面不断接纳原子就不同了，它接纳的快慢决定于晶体的长大方式和长大的线速度，决定于晶体本身结构（如单斜晶系、三斜晶系、四方晶系等）和晶体生长界面的结构（稀排面、密排面、还是特异面），决定于晶体界面的曲率等因素（凸形界面、凹形界面、其他形状的界面），它们都是晶体成长的内部因素。生长界面附近的温度分布状况、结晶时潜热的释放速度和逸散条件是决定晶体长大方式和生长速度的外部因素。

结晶过程中，固相和液相间宏观界面形貌随结晶条件不同，情况比较复杂，如图1-22。从微观原子尺度衡量，晶体与液体的接触界面大致有两类：一类是坎坷不平的、粗糙的即固相与液相的原子犬牙交错地分布着（如 A 处）；另一类界面是比较平滑的，具有晶体学的特性（如 B 处）。

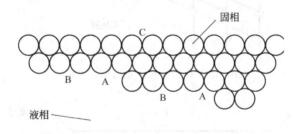

图 1-22　固液界面模型

图中，界面 C 为平滑界面，这个界面是高指数晶面，以这样的晶面为结晶界面，必然会出现一些其高度约为一原子直径的小台阶，如图 1-22 中 A 所示。B 所处的位置则相当于一个平滑的密集晶面。显然，由于液体扩散到晶体的原子，占据 A 处较之占据 B 处有较多的晶体原子为邻，易于与晶体牢靠结合起来，占据 A 处原子返回液体的概率比占据 B 处原子小得多。这种情况下，晶体成长主要靠小台阶的侧向移动，依靠原子扩散到小台阶的根部进行。只要界面的取向不发生变动，小台阶永远不会消失，晶体可以始终沿着垂直于界面的方向稳步地向前推进。小台阶愈高，密度愈大，晶体成长的速度也愈快。一般说来，原子密度疏的晶面，台阶较大，法向生长线速度较快。由此可见，晶体不同晶面的法向生长线速度是不同的。法向生长速度较大（原子密度稀）的晶面，易于被法向成长慢（原子密度高）的晶面制约，不容易沿晶面（即横向）扩展；反之，法向生长线速度最小的晶面，沿晶面扩展快。

这个关系可以示意性地用图 1-23 来说明。1 号原子受三个相邻原子的吸引，一个距离近（为 $a$），两个距离远（为 $\sqrt{2}a$），2 号原子也受到三个相邻原子的吸引，但是两个距离近一个距离远，它受到吸引就比 1 号大；3 号原子受到四个相邻原子的吸引，两个距离近，另两个距离远，它受到吸引力又比 2 号大，因此 3 号原子最容易与晶体结合进入晶格座位，2 号次之，1 号最慢，换句话说，就是 C 晶面的法向生长线速度＞B 晶面的法向生长线速度＞A 晶面的法向生长线速度。同时，也可看出 C 晶面的原子密度最小，B 晶面次之，A 晶面最密。这说明原子密度疏的晶面，法向生长线速度大。这种不同方向上生长线速度的差异，就使得非密集面逐渐缩小，而密集面逐渐扩大，若无其他因素干扰，最后晶体将成为密集面为外表面的规则晶体。图 1-24 表示了在生长过程中，晶体截面由八角形逐渐变成正方形的过程，最终晶体表面被密集面所覆盖。

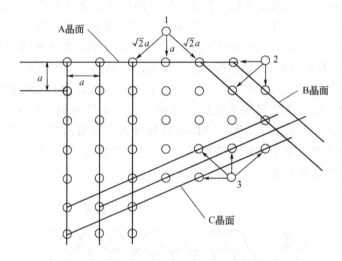

图 1-23　面密度对质点的引力关系

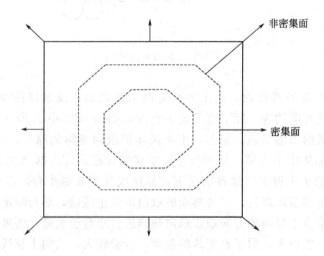

图 1-24　密集晶面扩展模型

值得注意的是，除了吸引力的大小之外，被接纳的原子首先必须是和晶体的结构相吻合，具备和晶体结构相同的方位，近乎相同的原子间距，才能有更大的可能与接收面相结合。

## 1.10　生长界面结构模型

前面讲到晶体长大时，原子是如何被晶面接纳而进入晶格座位的，涉及的也只是单个原子，实际上，从熔体中生长单晶时，一般认为服从科塞耳理论：即在结晶前沿处，只有很薄的一层熔体是低于熔化温度的（过冷度为 1℃ 左右），其余部分的熔体都是处于过热状态。晶体在这薄层中的生长，是首先在固液界面上形成二维晶核，然后侧向生长，直到铺满一层。

按照这个理论，新的层面开始形成时，单个原子难以在表面固定，因为它的四周有液相原子激烈的热运动，晶体生长面仅仅是在生成二维晶核后才能继续生长，这个二维晶核的大小要超过一定的临界值才能长大。所以要求固相、液相具有一定的过冷度。

每一个来自环境相的新原子进入晶格座位，实现结合最可能的座位应是能量最低的位置；结合成键时，最适宜的晶格座位应是成键数目最多、释放能量最多的位置，如图 1-25 中具有三面角（3）的位置，因为（3）处原子和三个最近邻的原子成键，成键时放出的能量最多。其次，有利于结合原子的位置是台阶前沿的原子（2）和（5），它们均和两个最邻近原子成键。晶体在扭折处不断生长延伸，台阶多次重复运动，最后覆盖整个生长界面。接着晶体继续生长，需要在界面上再一次形成二维晶核，或有新的台阶。如图 1-25 中（1）或（4）所示。

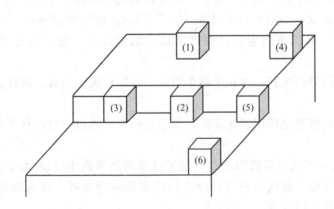

图 1-25　原子在光滑界面上所有可能的生长位置

下面以凸界面为例（例如放肩时，通常都是凸界面）来进一步说明这种生长模型如图 1-26 所示。

凸界面由两部分组成：一部分是边缘的台阶部分，一部分是中心的平面部分。微观上看，一个台阶也就是一个或几个原子的高度；宏观上看，就是一个凸界面。虚线表示等温线，如图（a）中所示。

平面部分的法向生长靠二维晶核的形成来实现，它需要较大的过冷度，凸界面的最大过冷度位于界面的中心，所以中心最先形成二维晶核，如图（b）中的小黑点"●"。

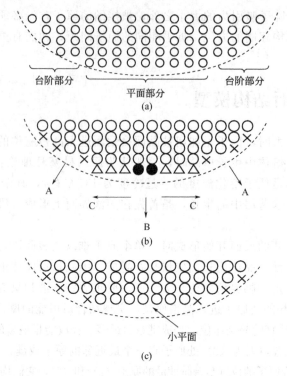

图 1-26　凸界面生长模型

平面部分的侧向生长，由原子进入二维晶核侧面的台阶来实现，直到铺满整个平面部分（与等温面相交），如图（b）中的"△"所示。此过程容易进行，所需过冷度也小。由于此时为二维晶核的生长已提供了较大的过冷度，故这部分侧向生长的速度就快。

界面上台阶部分的生长，由粒子逐个填入"×"位置来完成。同理，这个过程也容易进行。

凹界面的生长模型也可以照此分析，只不过凹界面的最大过冷点不在中心，而在边缘部分。

图 1-27 是几种不同的界面形态，大家可以参照凸界面生长模型的分析方法进行画圈，找出平面、台阶、侧向生长及过冷点的位置等进行分析，深入理解"二维表面成核，侧向层状生长"的理论。

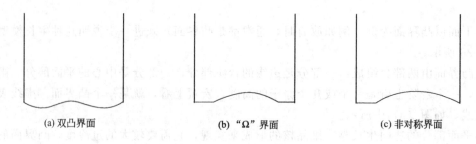

图 1-27　其他几种界面模型

## 习 题

1-1 你看到过什么样的天然晶体和人造晶体？它们有什么特征？

1-2 图 1-3 中哪个是〈111〉？哪个是〈100〉？并指出它们的棱线。

1-3 画出晶体的熔化曲线，并说明每一段的物理意义。

1-4 什么叫单晶？它有什么性质？

1-5 什么叫多晶？它有什么性质？

1-6 谈一谈你对晶胞的理解，请画出金刚石晶胞的结构图。

1-7 什么是空间点阵，请指出面心点和顶点上的原子都属于那些晶胞所共有？各占多少个原子？

1-8 图 1-12 中，干冰的一个原子周围有多少个原子？干冰的晶胞占有几个原子？图 1-14 中的三种晶胞各占有几个原子？

1-9 深刻理解格点、晶列、晶面、晶格及晶格常数等概念。

1-10 什么叫晶面族？{111}、{231} 两个晶面族各包括那些晶面？

1-11 画出金刚石结构图中的 $(1\bar{1}1)$、$(120)$、$(21\bar{3})$ 晶面。

1-12 面间距与面密度有何关系？

1-13 标出图 1-28 中所有的晶面指数。

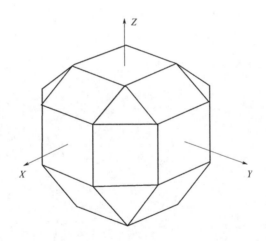

图 1-28 立方晶系的某些晶面

1-14 不同晶向生长的单晶硅会有些什么区别？

1-15 组成晶体的微粒有哪些结合形式？结合力的大小影响晶体的哪些性质？

1-16 画出晶体的熔化曲线，并详细叙述熔化的物理过程。

1-17 液态物质在什么条件下才会结晶？影响结晶过程的速度是由什么因素决定的？

1-18 为什么说液态物质处在熔点温度时，过程是可逆的？你能具体描述一下这个过程吗？

1-19 什么叫晶胚？怎样的晶胚才能长大？

1-20　什么叫自发晶核？它是如何形成的？

1-21　什么叫非自发晶核？哪些因素容易导致产生非自发晶核？

1-22　为了单晶能够正常生长，有哪些条件必须保证？

1-23　什么叫二维晶核？什么条件下它才能够长大？

1-24　详细描述"二维表面成核，侧向层状生长"的理论模型。

1-25　晶体生长的内部因素有哪些？外部因素有哪些？

1-26　晶面的法向生长速度与该晶面原子密度有何关系？为什么说最终晶体表面被密集面所覆盖？

1-27　在图1-25中，为什么位置（3）比位置（2）容易结合新粒子？

1-28　在图1-27中选出一种界面模型，画图说明"二维表面成核，侧向层状生长"的过程。

# 第2章 直拉单晶炉

掌握：直拉炉的结构。
理解：真空系统、氩气系统、水冷系统。
了解：电气部分。

## 2.1 直拉单晶炉设备简介

为了提高生产效率，降低成本，也为了保证器件参数的一致性、可靠性，都希望直拉单晶大直径化，设备控制高度自动化。目前世界上已制造出了装料量达400kg以上，单晶直径达300mm以上，从抽空到拉晶结束全部自动化控制，且稳定性、可靠性极好的大型直拉单晶设备。为了提高单晶的内在质量或者某方面参数的特殊要求，也出现了磁场法直拉单晶炉和具有两个主炉室的连续加料直拉单晶炉等。

就直拉单晶炉的结构而言，也发生了很大的变化：为了缩小设备高度、增加稳定性，目前普遍采用软轴代替原来的硬轴；为了实现重复加料及重复拉晶，都采用一下一上两个炉室（主室和副室）；为了确保炉室真空度和转动的稳定性，大都在上、下轴的旋转部分安装磁流体密封。因为加大了投料量，在电源、水冷及炉压监控上，采用了多种安全保障措施和安全装置，电气上做到全程自动控制和数据交换，温度自控、等径自控和安全报警等。

国内最早生产直拉单晶炉的专业厂家是××大学工厂，该厂技术力量雄厚，机加工能力很强，从事直拉炉生产已40余年，先后定型生产8大系列、40余个品种型号的晶体生长设备，目前生产的直拉单晶炉主要有 TDR-70、TDR-80、TDR-90、TDR-120 等多种炉型。TDR-120 炉是 2007 年面世的，设计装料量 120kg，实现了全过程自动控制，设计上有较大的改进。

××大学工厂是生产直拉炉的后起之秀，它与美国 HAMCO 公司合作生产CG-3000型、CG-6000 型直拉炉，后者投料量是 60kg，从抽空开始全部自动化。

上海××精密机械有限公司在 2005 年开始进行直拉单晶炉生产，2007 年投放国内市场，由于性能稳定、操作便捷、成晶率高，可以多台联机集成管理，因此立即受到用户的好评，目前生产装料量有 60kg、95kg、135kg 几种规格，其中 135kg 为全自动控制。此外国内还有北京、常州、宁夏等地生产直拉单晶炉。国际上生产直拉单晶炉的国家有美国、德国、日本以及俄罗斯、韩国等。而且很多炉型都采用了磁场装置，大大地提高了单晶硅的质量。

## 2.2 直拉单晶炉的结构

从大的方面讲，直拉单晶炉分为机械和电气两大部分，每个部分又分为很多小部分。如图 2-1 和图 2-2 所示。

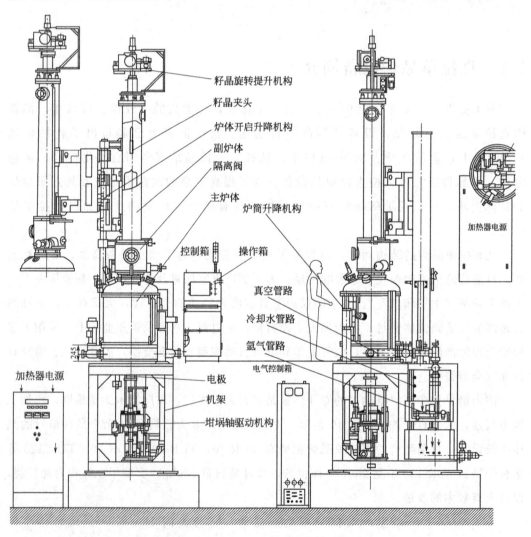

图 2-1 汉虹 CZ-2008 型直拉单晶炉部件图

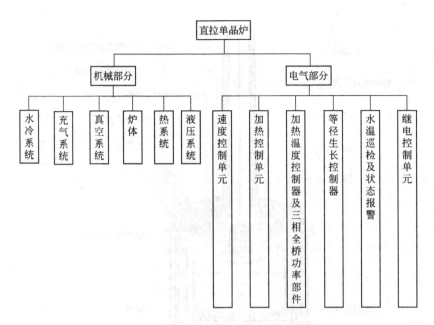

图 2-2　单晶炉的组成部分

# 2.3　机械部分

## 2.3.1　炉体

炉体包括机架、副炉体、主炉体等部件，机架由铸铁底座、下立柱、上立柱组成，是炉子的支撑装置。

主炉室和副炉室是单晶生长的地方，如图 2-3 所示，它们提供一切单晶生长的必要条件，如良好的真空度和氩气保护，保证熔体不被氧化；炉体各部位冷却良好，保证热场不受干扰；晶体在炉体内稳定旋转和平稳上升，而熔体反向旋转和同步上升，保证结晶界面始终处在同一个位置上；主炉室和副炉室能提供一个合理的热场，只允许籽晶这个唯一晶核长大，并保证有适当的过冷度，有利于"二维平面成核，侧面横向生长"，图 2-4 为直拉单晶炉的照片。

（1）主炉室

主炉室是炉体的心脏，它由炉底盘、下炉筒、上炉筒及炉盖组成，它们均为不锈钢焊接而成的双层水冷结构，主炉室用于安装生长单晶的热系统、石英坩埚和多晶硅原料等。底盘固定在底座平面上，其中心孔是坩埚轴的定位基准，孔下端与坩埚轴驱动装置（用不锈钢焊接波纹管）密封连接，整个坩埚驱动装置安装在炉底下面的平面上，坩埚轴上安装托杆及托碗。

炉底盘上设有两个铜电极和一个温度传感器。石墨电极装在铜电极上部。两个铜电极均装有绝缘保护套，铜电极上端安装加热器，下端与水冷电缆连接。冷却水由铜电极下部的水套引入。上面的接口为出水口，下面的接口为进水口。

炉盖上设有翻板阀，必要时可用它隔离主室和副室。炉盖正面设有观察窗，通过它

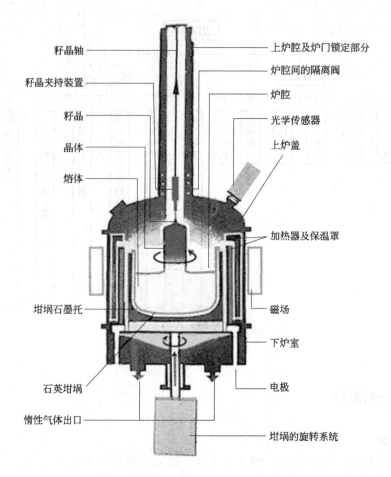

籽晶轴
籽晶夹持装置
籽晶
晶体
熔体

上炉腔及炉门锁定部分
炉腔间的隔离阀
炉腔
光学传感器
上炉盖

加热器及保温罩

坩埚石墨托
磁场

石英坩埚
下炉室

电极

惰性气体出口
坩埚的旋转系统

图 2-3　单晶生长的地方

可以观察炉内情况和测量晶体直径。左侧面设有取光窗，用来提取晶体的直径光圈信号。炉盖与上炉筒之间、下炉筒与炉底盘之间均有止口定位，以保证每次合炉的准确性。

上炉筒可以通过电动推杆向上提起并可以向外转出，在清理炉体和热场中的污垢时可以使用该功能，提起炉筒能方便清理工作。上炉筒上设有两个分别用于测量 18in（1in＝0.0254m）和 20in 加热器温度的红外线测温仪的测温口。

下炉筒设有两个对称布置的真空抽气口，交汇后与主真空管道相连。下炉筒是用螺钉紧固在炉底盘上的。通常清炉时，下半部分留在炉底盘上，没有特殊情况，建议不要去拆它。

炉盖为椭圆封头型结构，上面与隔离阀连接，正面有长方形双层水冷结构的观察窗，拉晶过程中该窗口需装上镀金玻璃，以减少辐射，便于操作者观察炉内的情况。在该观察窗上可装望远镜，能直接测出晶体的直径。左侧有一个圆形双层水冷结构的观察窗，在该观察窗上装有 CCD 测径系统，在拉晶时该观察窗上应放置镀金玻璃，用于反射炉内的红外热辐射。右侧有一个圆形双层水冷结构的窗口，用于二次加料装置的预留口，拉晶时建议该窗口也放置镀金玻璃。镀金玻璃在清炉时应取下保护好，防止划伤和摔坏，使用时再放上。图 2-4 所示为 Linton-KX280 直拉单晶炉。

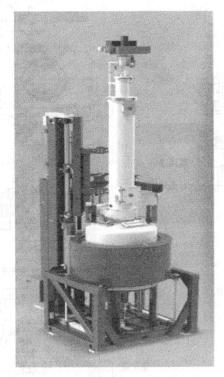

图 2-4  Linton-KX280 直拉单晶炉

（2）副炉室

副炉室包括副炉筒、籽晶旋转机构、软轴提拉室、精密涡轮涡杆减速器及晶升伺服机组等部件，同时它也是直拉单晶的接纳室。副炉室上设有氩气进气口，在抽空状态下，副炉室靠自重和主室达到密封效果。副炉室上还设有真空抽气口以及真空压力表等。炉筒上部设有观察孔，用于观察籽晶夹头、调整夹头极限位置以及调整充气环等。另外，在炉筒上设有放气阀，当有特殊情况需要放气开炉时，可以打开放气阀进行放气。有的炉型具备侧开门。

（3）籽晶旋转及提升机构

如图 2-5 软轴始终在同一个固定的对中位置上实现升降移动。卷线辊筒的平移又带动限位杆，实现软轴的极限限位，保护籽晶提升机构不受损害，同时在喉部装置了机械硬限位，以保证籽晶夹头在上升时不过冲。

籽晶旋转机构由旋转轴、支承座、滑线环组件、磁流体密封座及旋转直流无刷电机系统组成。直流无刷电机系统通过多锲带实现籽晶轴平稳转动。旋转密封为磁流体密封。旋转机构设有两组滑线环用来提供籽晶提升机构的电能及传递电信号。

在籽晶提升机构中，提升直流无刷电机系统，经过精密的涡轮涡杆减速器，带动卷线辊筒。卷线辊筒通过滚动花键轴传递扭矩并支承重量。卷线辊筒由牵引螺纹螺母套实现平移，从而保证籽晶软轴始终在对中位置。

卷线辊筒的平移又带动限位杆，实现籽晶软轴的极限限位。

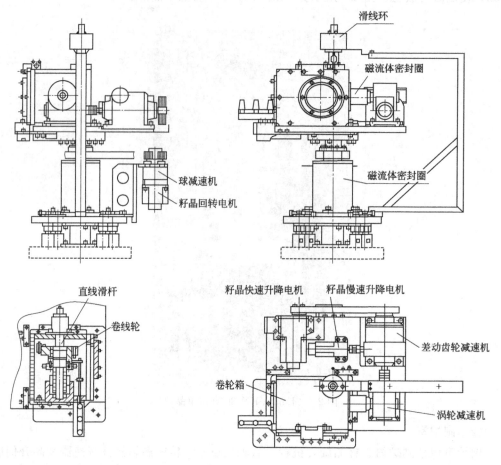

图 2-5　籽晶旋转提升机构示意图

籽晶旋转提升机构的电机均采用直流伺服编码器反馈，能精确显示晶体长度（或籽晶夹头的位置）。

籽晶旋转速度一般为每分钟 2～40 转。籽晶的快速升降可达每分钟 800mm，慢速为每分钟 0.2～10mm。

（4）隔离阀

图 2-6　隔离阀

如图 2-6 隔离阀用于维持炉室内的局部压力、温度等工艺条件。关闭此阀后，就可以打开副室，从而装卸籽晶或取出单晶棒。隔离阀为手动翻板式，阀芯上安装有能自锁的减速器，操作轻便灵活，密封效果好。阀芯及阀体均为双层水冷结构。隔离阀上设置了一个观察窗，便于观察拉晶时的情况。同时，还可以通过屏幕及时了解隔离阀的开（关）情况。图 2-6 中只能看到隔离阀的圆形手柄。有的隔离阀设计为自动式的。

　　（5）副炉室开启升降机构

　　如图 2-7 和图 2-8 通过电动推杆能使炉盖以上的部分进行升降及旋转，用于取晶棒或开启炉盖。升降轴行程大于 300mm，向左侧可旋转 120°（从设备正面看）。注意：只是在 0°（原点）及 120°（旋转后的位置）可以升降。只有当升降机构处的把手处在水平位置（托槽内）时才能进行开启或关闭炉盖（升降炉盖）。要旋转炉盖时应把升降机构处的把手放到垂直位置后才能进行。要特别注意的是：在拉晶时，该把手必须始终处在水平位置的托槽内，如果失误提起把手，就会立刻切断加热器电源，导致拉晶停止。

图 2-7　副炉室升降机构把手

图 2-8　旋转出的副炉室

（6）主炉室升降机构

主炉室也可以升降和旋转，机构是通过电动推杆使上炉筒进行升降及旋转的。升降轴行程为700mm，升到顶部向右侧可旋转180°（从设备正面看）。在需要清洁热场时可将上炉筒升起，方便清理工作。

（7）坩埚驱动装置

如图2-9所示，坩埚轴的升降采用进口高质量的滚珠直线导轨副和滚珠丝杠副，带动坩埚轴升降。慢速升降的动力由进口的直流无刷电机通过大速比减速器和齿轮驱动精密滚珠丝杠副转动，使坩埚轴平稳运动，无爬行抖动。快速升降的动力由进口的直流无刷电机通过涡轮减速器驱动精密滚珠丝杠副转动，使坩埚轴快速升降。在涡轮减速器上有手动快速升降手轮，用于突然停电事故时向下移动坩埚，但在平时工作时应将手轮拉出，以免影响主机的正常工作。

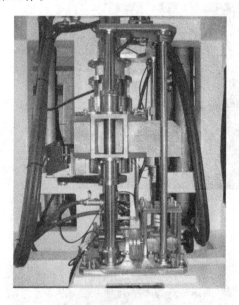

图 2-9　坩埚驱动装置

坩埚轴的旋转是由进口直流无刷电机，通过减速器、多锲带驱动坩埚轴旋转。坩埚轴为双层水冷式结构，在坩埚轴的下部设有水冷旋转接头。值得注意的是，水冷旋转接头的上部为出水口，下部为进水口。坩埚轴的旋转密封采用磁流体密封，升降密封采用不锈钢波纹管密封以减少运动阻尼，使坩埚轴运动平稳，灵活可靠。

坩埚旋转速度范围：2～20r/min

坩埚升降速度范围：低速，0.02～1.00mm/min

高速，160mm/min

## 2.3.2　真空系统

真空系统分两部分：主炉室真空系统和副炉室真空系统，这套系统负责对主、副炉室抽真空，减压拉晶时，负责排气，如图2-10所示。主炉室真空系统包括主真空泵、电磁截止阀、角阀、除尘器、安全阀、放气阀、真空计、真空管道及控制系统等。主泵与主炉室之间要用波纹管连接，以减少振动传递。主真空泵与炉体之间应设有隔振沟和隔断墙，分别用来隔离真空泵的振动和噪声。该系统具有排气管道，可以排走真空泵的废气，防止污染工作环境。

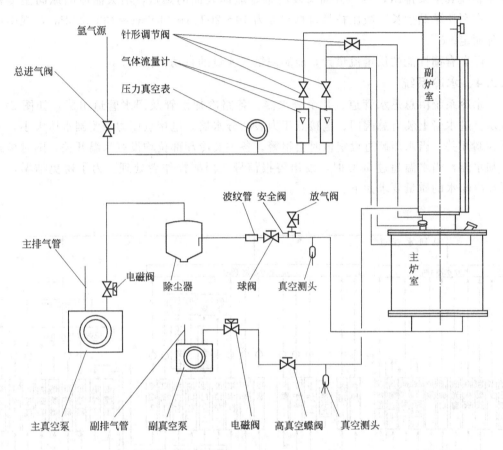

图 2-10　真空系统及氩气充气系统

除尘器对排气中的粉尘起到过滤作用，以便保护机械泵，除尘器内的过滤网要定期清理，使排气畅通，否则影响成晶。定期更换真空泵油，换下的旧油可经过沉淀、过滤、除水后进行再利用。

在拉晶过程中，有时需要关闭主、副室之间的隔离阀，打开副室，更换籽晶或者取出晶体，然后再关闭副室，这时必须对副室进行抽真空，这个工作由副真空系统来完成。它除了没有除尘器外，其他部件大同小异。

主室、副室的抽空管道上均设有高、低真空检测系统，同时测量上、下炉体真空度。冷炉极限真空度为 3Pa，新炉验收时可先抽空到极限值，关闭主真空阀 1h 后，再看真空压力传感器读数上升值，应小于 6Pa。有的设备可以自动进行真空检漏。

### 2.3.3　充气系统

现在普遍采用液氩储罐来盛装液态氩，液态氩经蒸发器蒸发后，成为气态氩，由不锈钢洁净管道输运到单晶炉现场，再经总进气阀、气体流量计、针形调节阀进入副炉室上端、喉口或者观察窗等部位（见图2-10）。

氩气纯度为5个"9"，在单晶硅生长过程中起保护作用，一方面及时携带熔体中的挥发物经真空泵排出，另一方面又及时带走晶体表面的热量，增大晶体的纵向温度梯度，有利于单晶生长。减压拉晶时真空度为10~20Torr（1Torr＝133.322Pa），视生产品种而定。

配套有高性能的质量流量计，能实现氩气流量的自动化控制。

### 2.3.4 水冷系统

水冷系统由总进水管道、几个分水器、各路冷却水管及回水管道组成，如图2-11所示。进水管上装有总阀门、电接点压力表和分水器，电接点压力表监测水压大小，又是控制开关，当水压超过设定值时会报警。各主要冷却部位均设有水温开关，随时检测冷却水温，当水温超过50℃时，发出警报信号，提醒操作者处理。为了避免结垢，对循环冷却水的质量要求如下。

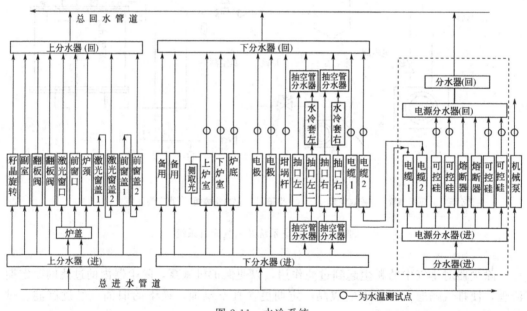

图 2-11　水冷系统

酸碱度：pH＝6.0~8.0

钙、镁化合物：＜150μg/g

电导率：＜500μS/cm

氯离子（$Cl^-$）：＜100μg/g，过高会造成窄缝腐蚀

硫酸根离子（$SO_4^{2-}$）：＜200μg/g

碳酸钙（$CaCO_3$）：15~60μg/g，以避免结垢

流量：280~320L/min（含电源的冷却水）

进水压力：0.3~0.35MPa

进出水压力差：0.2MPa 以上，且排水无障碍

进水温度：25～30℃

水冷系统的正常运转是十分重要的，必须随时保持各冷却部位的水路畅通，不得堵塞。当水温过高时，特别是主炉室水温过高或者局面因水垢堵塞造成水温过高，都会影响成晶率，甚至造成更大损失，必须及时排除。因此，循环使用软化水，既防止水垢又降低成本，是个好办法。冷却水采用下进上出的方式，这样可以充满整个冷却部位，总水进来后，分配到几个分水器，再分支流入各冷却部位，最后流入回水汇流器，集中进入总回水，回到循环水池中。因为循环使用，水温会逐渐升高，可用水冷机、冷却塔等散热降温，同时每天要补充一定的软水，以补偿冷却塔造成的水量损失。

开炉或煅烧过程中，绝对不能停水，轻者会发生变晶；重者会烧坏炉体部件（如炉底、电极、坩埚轴、炉壁等）造成巨大损失。炉体温度保持在 35℃ 左右，高温煅烧时也不能超过 45℃，达到 50℃ 时会自动报警。

为了避免突然停电、停水带来的损失，有以下几种办法。

① 切换到自来水供水，但要避免爆管和自来水混入软化水池中，这种方法不易操作。

② 备一个柴油发电机，一旦停电，它会在 10s 内启动并发电到额定功率，使循环水泵工作，继续给炉体供水。不过，因停电使冷水机、冷却塔等不工作了，冷却水温度会逐渐升高，但只要水池有足够的水量，使炉体降温到不受损伤的温度还是可能的。只是主加热功率没有了，无法继续进行晶体生长。

③ 采用双回路供电，当其中一个回路停电时，系统会自动切换到另一个回路继续供电，而且切换时间很短，所有设备继续运行，损失降到最低程度，这是具有较大规模的厂家首选的方式。

## 2.4 电气部分

直拉单晶炉主电源采用三相交流供电，电压（$380 \pm 10\%$）V，50Hz。经变压器三相全波整流后，形成低电压、大电流的直流电源作为主加热功率。要求具有谐波补偿，无谐波污染，无大功率变压器损耗功率，脉动率＜RMS3％，拉晶纹波小。在电源控制系统中，电源装置采用高精度 CPU 控制板进行独立控制。其中的 LC 装置可以抗高谐波，功效比高，省电效果显著。

拉晶全过程采用 PLC 控制，抗干扰性好，可靠性高，重复性好，维修方便，利用 PC 带触摸屏幕电脑与 PLC 进行实时数据交换，采用视窗形式操作软件，用户界面良好，简单易操作，通过屏幕随时可以直观显示硅单晶棒拉制过程中的各种参数如长度、直径、转速、拉速及温度控制等，提前发现炉内问题，避免重大事故。有的具有双屏幕显示，就算另一个电脑屏关机重启，也不影响自动拉晶控制，可以通过剩余一个屏幕监视拉晶状态（见图 2-12）。

配套有 200 万像素 CCD 相机，自动测量晶棒直径；配有直径控制系统 M-ADC，保证了直径精度。

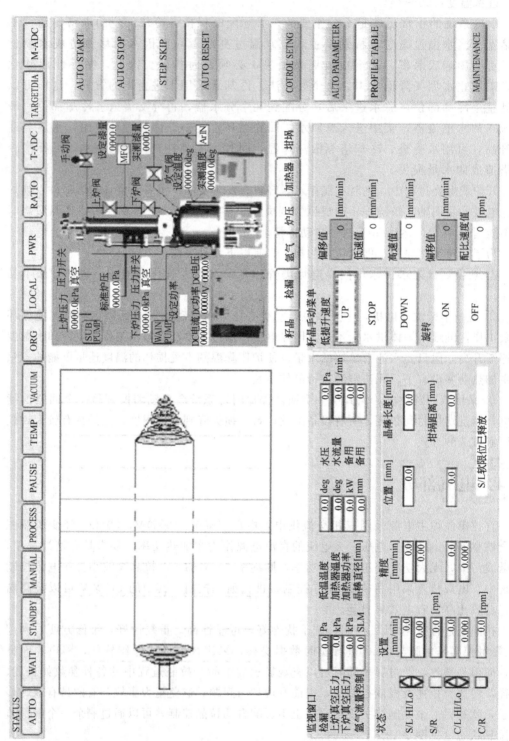

图 2-12 触摸式屏幕显示框

单晶炉运行过程中的电压、电流、功率、温度、晶体直径、坩埚位置和转速、晶体位置和转速等全部数据及其变化的历史均可以电子文档的形式记录在案，方便拉晶结束后分析参数并完善工况，实现生产档案管理。

单晶炉对控制电脑可以配备单相 UPS 电源装置，在外部停电时，它可以保护电脑和程序，进行数据备份，提升籽晶和坩埚以及将硅棒和熔硅分离。

上海××生产的 FT-CZ2008 型号的单晶炉，触摸式电脑中的软件可以相互之间复制。因此，如果一台单晶炉的软件有故障了，可以从另一台单晶炉复制过来。这不仅解决了软件包一旦损坏和丢失的问题，而且也解决了一台单晶炉调试好了，其他单晶炉均可以用同一个软件包数据进行使用，免去了重复调试的工作。这样，不仅确保了单晶炉拉晶过程中的稳定性，更重要的是保证了产品质量的一致性。

### 2.4.1　速度控制单元

本单元对晶升、埚升、晶转、埚转的速度进行控制，全部采用稀土永磁式伺服电机作为驱动电机，有的电机采用直流伺服编码器反馈，比测速反馈的精度更高。有的机型仍然采用测速机。由于伺服电机额定转速时驱动电压较高，而单晶炉又使用在低速段，于是又将籽晶快速和籽晶慢速电源分开，籽晶快速电源采用＋50V，籽晶慢速采用＋30V。并且采用开环控制，当使用快速按钮时，通过继电器自动断开晶升控制系统和测速机，这样不仅提高了晶升速度，也保护了表头。

晶升、埚升、晶转、埚转的速度显示均采用数字电压表，同时可以调整相关电位器，让显示值与实际值相符。

（1）晶升速度控制系统

晶升系统采用稀土永磁式伺服电动机作动力，系统通过两级涡轮涡杆进行减速。籽晶钢丝绳缠绕在提拉头的绕丝轮上，晶升时，绕丝轮正向转动，将钢绳一圈一圈地往轮上绕；下降时，绕丝轮反向转动，将钢绳一圈一圈地往下放。钢丝绳具有足够的长度，保证在炉内的有效行程满足拉晶的需要。

这套系统具有如下功能：

① 采用 PID 方法控制晶升速度，可调拉速范围为 0.2～10mm/min；

② 备有计算机控制的计算机接口，要求跟踪范围为±5mm/min；

③ 给出埚升随动的控制信号，随时按埚升比例调节埚升速度；

④ 给出实际的拉速信号供计算机测量；

⑤ 给出手动的拉速控制信号；

⑥ 晶升快速升降速度最大可达 800mm/min，速度可调，当重锤升至最高行程时，有行程限位保护功能，到限位时自动停止提升和旋转（下降时没有限位保护，所以要注意重锤在下降过程中的位置，避免碰坏炉内器件）。

为了保护绕丝轮的水平移动工作状态，在提拉头内部装有极限限位开关，当绕丝轮向左或向右运动触到极限限位开关时，会关断电源，绕丝轮不再转动，这时需要手动复位才能退出。

（2）埚升速度控制系统

埚升采用稀土永磁式伺服电动机作动力，通过减速器控制埚升速度，此套系统功能如下。

① 采用 PID 方法控制埚升速度，升速调节范围为 0.02～1.00mm/min。

② 埚升速度的大小随晶升速度的大小变化而跟踪变化，变化的比例可调，习惯上叫做"坩埚随动"或"埚跟"。埚升速度只能工作在跟踪状态下。如果晶升不运行，那么埚升也不会单独运行，这也告诉大家，在不需要埚升时，如引晶、放肩时，应将埚升电位器调到零位，否则，就会产生"坩埚随动"。

埚位的上下极限位置设有限位开关及报警装置，以便快速升降坩埚时起安全限位作用。快速范围可达 160mm/min。此外，坩埚升降设有手动摇柄，发生停电事故时，可用它移动坩埚。坩埚在炉内的有效行程，应满足在拉晶过程中埚跟行程的需要。

（3）晶转、埚转速度控制系统

晶转速度控制采用稀土永磁式伺服电动机作动力，通过减速器控制转速，该系统功能如下：

① 晶转速度范围 2～50r/min；

② 晶转速度可由计算机程序修整；

③ 具有失速保护。

埚转速度控制采用稀土永磁式伺服电动机作动力，通过减速器控制转速，该系统功能如下：

① 埚转速度范围 1～30r/min；

② 埚转速度可由计算机程序修整；

③ 具有失速保护。

晶转、埚转在发生失速保护时，需将手动给定回零，按下复位按钮，系统才能正常工作。

## 2.4.2　加热温度控制器及三相全控桥功率部件

温度传感器从加热器上取得的信号与等径控制器的温度控制信号叠加后进入欧陆控制器，温度信号通过和设定值相比较，其误差信号通过放大及 PID 调节。从欧陆控制器输出到相加器，在相加器内与加热器电压反馈信号叠加，以控制电网波动对加热器电压的影响，从相加器输出的信号进入触发器，以实现对整流板上可控硅导通角的改变，进而达到控制加热器电压的目的，如图 2-13 所示。

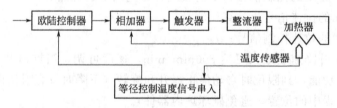

图 2-13　加热温度控制系统框图

该控制器采用两级串级控制系统，外环控制也就是主控制环，以温度传感信号作为反馈信号实行 PID 调节；内环控制也就是副控制环，以加热器电压作为反馈信号实行 PID 调节，而且内环控制的周期大大地快于外环的控制周期。

（1）欧陆控制器

该控制器是从英国引进的一种专门的温度控制器，控温精度≤±0.5℃，面板图及键盘说明如图 2-14 所示。

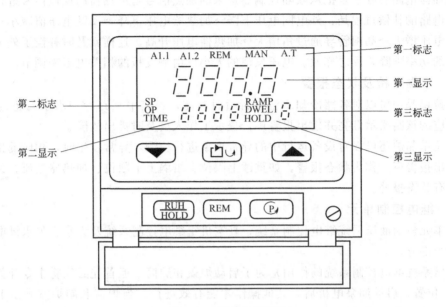

图 2-14 欧陆表面板图

下面介绍本系统操作的一些功能：

第一显示是显示从温度传感器输入的温度毫伏信号，单位为毫伏（mV）；

第一标志中 MAN 的手动操作标志，A. T 为自动适应算法标志，A. T 闪烁为自调谐算法标志；

第二标志中 SP 表示自动时温度毫伏数的设定值，OP 表示欧陆表输出满度的百分数，TIME 表示斜率程序和剩余时间，本系统不用；

第二显示为第二标志对应参数值；

第三标志及第三显示为斜率程序运行时使用，本系统不用。

手动为控制器的最高参与级，控制器可在任何状态下回到手动状态，在手动状态下，可以改变控制器的任何参数。

自调谐是一个一次运算算法，它允许用户在当时的"SP"值或新的"SP"值上进行。自调谐启动时，先按下参数选择键，使"ST"出现在第二显示上，再同时按下增/减键，"A. T"开始闪烁，再按手动/自动键（即投入自动），"SP"先开始闪烁一分钟，在这个时间内"SP"可以改变，一分钟后"A. T"开始闪烁，自调谐开始。在自调谐期间任何参数不能改变，除非切入手动状态。自调谐算法完成后，"A. T"将熄灭。

自调谐结束后，系统将计算出 PID 参数，分别写入参数值内，可供随时查阅改动。

自适应是一个过程算法，它在大部分时间内是监视过程值和设定值的偏差，并在过程干扰时分解回路响应，当算法识别出一个振荡或无阻尼响应时，则根据测得的响应重新估算 PID 参数，如果测得的回路响应比较理想，则不会改变其 PID 参数。

启动自适应算法可将参数选择键按下，当第二显示上出现"At"时，按下增/减键，这时"A. T"灯亮，表示自适应算法已启动。重复以上操作，可以退出自适应。

（2）相加器及反馈电路

相加器电路实际上是把从欧陆控制器送来的加热信号与加热器的反馈信号进行合成处理，电路的补偿过程是：外电网电压下降→加热器电压下降→反馈电压值减小→相加器输出电压增大→晶闸管导通过角增大→加热器电压升高。这样就及时补偿了外电压下降引起的功率下降，反之亦然。电压反馈的大小可由触发板的相关电阻来调节。

### 2.4.3 水温巡检及状态报警

直拉单晶炉可以对各路冷却水温进行适时检测，当其中某路冷却水水温超过 50℃时，相应的该路指示灯亮并发出报警声，提示工作人员及时排出故障。

直拉单晶炉还可以对设备运行中的异常现象进行检测，异常发生时，相应的指示灯亮并发出报警声，称为状态报警，如重锤上限位、坩埚上下限位、加热器过流、欠水压等都设有状态报警。

### 2.4.4 继电控制单元

该单元包括液压系统继电控制系统，真空机组继电控制系统及无水、欠水继电控制系统三个部分。

液压系统继电控制系统的作用是为了启动炉盖和炉筒，但首先必须将主令开关扳向"预备"位置，启动油泵电机后，其他操作才能有效进行，当炉盖和副炉室升至上限位时，会自动停升，同时打开炉筒上升电源开关，炉盖没有到达上限位时，炉筒不能进行上升动作。

真空机组的继电控制系统是用来启动真空泵的，当真空泵启动时，电磁阀自动打开抽空管道，以便对炉室抽空，反之，停止真空泵时，电磁阀自动关闭抽空管道，以保持管道内的真空状态；同时又给真空泵放气，防止运油。在这里继电电磁阀是关键部件，要求动作灵活，开关自如，打得开、关得紧、不漏气，给真空泵放气要可靠，否则影响抽空效果。

无水、欠水继电控制系统的作用是：未通水时，加热继电器不起作用，无法送电加热，当水压超过设定的上限指针后，加热继电器接通，可进行加热操作；反之，当水压降至上限指针以下时，仍可正常进行操作，甚至降至设定的下限指针以下时，还可进行操作，但是会发生欠水报警，应及时检查和处理。

## 2.5 直拉单晶炉的工作环境

直拉单晶炉是用于进行半导体材料——单晶硅生长的精密设备，为了保证产品质量以及设备的正常运转，直拉单晶炉对工作环境有以下特殊的要求。

### 2.5.1 周边环境

① 工厂周围气候适宜、空气湿度小、风沙少，邻近没有其他工业排放的烟雾、粉尘及有毒、有害和腐蚀性气体。

② 环境安静，没有严重的震动（如没有行驶重型汽车的公路、地震带等）传递到设备处，避免拉晶时引起液面颤动。

③ 水源充足，水质较好。有足够的水量供冷却炉体用，即使采用循环水，每天也要补足循环水的正常损耗。

④ 电源线路可靠，一般均需配置双回路供电系统，同时采取相应措施，对供电网络的接地系统（采用三芯五线制或三芯四线制供电）和抗电磁干扰等进行谐波治理。除了有计划地停电外，不能发生停电事故。电源电压稳定，波动值符合设备要求，电源质量符合国家供电标准。

⑤ 三废（废水、废气、废物）处理系统对各种酸、碱、有机溶剂及有毒气体的排放不允许出现任何的处理停顿状态。

### 2.5.2 室内环境

① 单晶炉安装房间高度要满足吊装维修要求，目前装料量在 90kg 的炉型安装高度要求 7.5m 以上。炉体周围要设置防震隔离带。炉体安装地基要按厂家说明施工，稳固可靠，调试后各种功能技术指标满足出厂要求。

② 室内有空调设施，以舒适性空调为主，温度控制在 22～25℃，相对湿度 60%～70%。空调、排风 24h 连续运行。

③ 工作室内设备摆放合理，符合安全要求，照明充足而柔和；设备表面、墙面、桌面清洁、无灰尘。半导体工厂对工作室都有一定的洁净度要求，一定要保持高纯卫生。

④ 工作人员必须穿戴好工作服、工作帽、工作鞋，进行文明生产。

## 习 题

2-1 直拉单晶炉的迅速发展使得结构上产生了哪些变化？

2-2 为了提高直拉单晶硅的质量，出现了什么新炉型？

2-3 画出直拉炉的部件构成图。

2-4 直拉炉的结构包括哪两大部分？各由哪些小部分组成？

2-5 主炉室由哪些部分组成？各个部分是怎样连接在一起的？为什么要做成双层水冷结构？

2-6 主炉室的各个部分上装有什么设施？这些设施有什么用途？

2-7 副炉室由哪些部分组成？上面设有哪些开口？各有什么作用？

2-8 副炉室和主炉室之间如何达到真空密封？

2-9 怎样保证软轴（籽晶绳）始终在同一对中孔内实现上升和下降运动？卷线辊筒起着什么样的作用？

2-10 设绕丝轮的直径为 $\phi 6''$，籽晶钢丝绳的直径为 2.5mm，当提拉速度为 2mm/min 时，绕丝轮向前平移的速度应该是多少？（此处 6″ 表示 6in。）

2-11 隔离阀在开启状态下可以进行哪些操作？在关闭状态下可以进行哪些操作？

2-12 升降机构处的把手起什么作用？在拉晶过程中它处于什么位置？如果失误提起把手有什么严重后果？

2-13 坩埚驱动装置包括哪些部件？

2-14 坩埚轴具有哪些运动功能？技术指标是什么？

2-15 请描述坩埚轴的水冷和密封情况。

2-16 使用循环冷却水有什么优点？它对水质有什么要求？

2-17 请简略介绍循环冷却水是怎样经过炉体的。

2-18 如何避免突然停电停水带来的损失？

2-19 单晶炉的电源有什么要求？如何节电？

2-20 UPS 电源有什么作用？CCD 相机有什么作用？

2-21 拉晶全过程采用 PLC 控制，主要针对哪些参数进行？有什么优点？

2-22 晶升速度控制系统包括哪些部件？有什么功能？

2-23 埚升速度控制系统包括哪些部件？有什么功能？

2-24 晶转、埚转速度控制系统是如何构成的？

2-25 从图 2-13 中说明直拉单晶的温度控制原理。

2-26 从图 2-14 中描述三种显示、三种标志的作用。

2-27 说出欧陆控制机面板上的各种按键的名称，各有什么作用？

2-28 请描述相加器的工作原理。

2-29 直拉单晶炉应该具备哪些报警装置？

2-30 直拉单晶炉应该具备哪些继电控制器？描述真空机组的继电控制器的作用。

2-31 直拉单晶炉对生产环境有什么要求？发挥你的想象，如果建一个单晶厂还有什么方面需要考虑？

2-32 画出主真空系统的方框图。什么情况下会用到副真空系统？

2-33 画出氩气充气系统的方框图。

2-34 氩气纯度为多少？它在晶体生长中起什么作用？

# 第3章 直拉单晶炉的热系统及热场

**学习目标**

掌握：热系统的安装与对中，热场的调整。

理解：温度梯度与单晶生长。

了解：动态热场。

## 3.1 热系统

直拉单晶炉的热系统是指为了熔化硅料，并保持在一定温度下进行单晶生长的整个系统，它包括加热器、保温罩、保温盖、托碗（石墨坩埚）、电极等部件，如图 3-1 所示。它们是由耐高温的高纯石墨和碳毡材料加工而成的。

加热系统长期使用在高温下，所以要求石墨材质结构均匀致密、坚固、耐用，变形小，无空洞，气孔率≤24%，无裂纹，弯曲强度 40～60MPa，颗粒度 0.02～0.05mm，体积密度 1.70～1.80g/cm³，灰分≤1×10⁻⁴（100ppm），金属杂质含量少，一般检测值在10⁻⁴%～10⁻⁶%数量级。

加热器是热系统中最重要的部件，是直接的发热体，温度最高时达到 1600℃以上，采用"等静压成型法"（CIP）生产的高纯石墨加工制作，形状为直筒式，每个半圆筒各为一组，纵向开缝分瓣，形成串联电阻；两组并联后形成串并联回路。

两组加在一起的总瓣数为 4 的整倍数，常用的有 16、20、24 或 28 等。

图 3-2 是加热器的实物照片，数一数这两个加热器各是多少瓣？图 3-3 是一个倒立的加热器，清楚地显示了两个电极上的连接孔，它是用来连接石墨电极的。

石墨托碗分为上体和下体，上体又有单瓣（即只开一条缝）、两瓣合体（平分为二、两条缝）及三瓣合体（等分三条缝）的区别；从节约成本、使用方便来比较，各有所长。图 3-4 所示为三瓣式石墨托碗，左边为一瓣，右边为三瓣合体。

石墨托碗是用来盛装石英坩埚的，它的内径加工尺寸要和石英坩埚的外形尺寸相配合，同时，石墨托碗本身必须具有一定的强度，来承受硅料及坩埚的重量。硅料熔化完以后，石英坩埚的高度应该高于石墨托碗的高度（10～20mm），如果石英坩埚低于石墨托碗，容易造成掉渣影响成晶率。

托杆以及托座共同组成了托碗的支撑体，要求和下轴结合牢固，对中性良好，在下轴转动时，托杆及托座偏摆度≤0.5mm，托座可以用一个或者两个以上的部件组成，部件数的增减可以调节托碗支撑体的高度，以保证熔料时有合适的低坩位，拉晶时，有

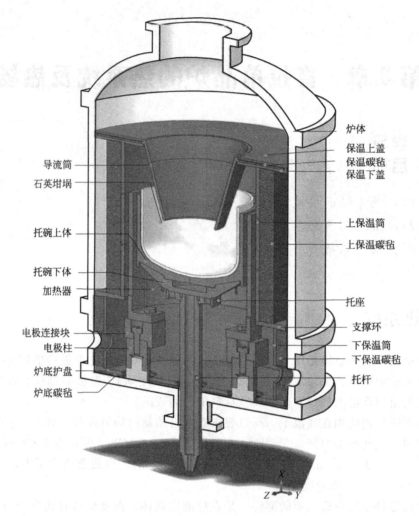

导流筒
石英坩埚
托碗上体
托碗下体
加热器
电极连接块
电极柱
炉底护盘
炉底碳毡

炉体
保温上盖
保温碳毡
保温下盖
上保温筒
上保温碳毡
托座
支撑环
下保温筒
下保温碳毡
托杆

图 3-1　石墨热系统示意图

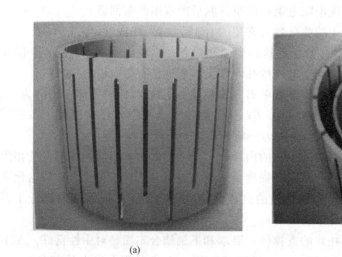

(a)　　　　　　　　　　　　(b)

图 3-2　石墨加热器图

图 3-3 倒立的石墨加热器

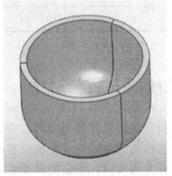

图 3-4 三瓣石墨托碗

足够的坩升随动行程，如图 3-1 所示。

保温罩由保温罩内筒、外筒、面板及支撑环（托盘）组成，内、外筒之间整齐地包裹着石墨毡。托盘放置应平稳，不得径向窜动，也不得转动，同时保证保温罩内壁、外壁垂直并对中。

保温盖一般由两层环状石墨板之间夹一层石墨毡组成，内径的大小与加热器内径相同，平稳地放在保温罩面板上。

下保温筒、下保温碳毡组成了托碗的底部保温系统，它的作用是加强坩底保温，提高坩底温度，减少热量散失。为了防止坩漏，硅料渗出烧坏部件，对炉底、金属电极、抽气口以及托杆都设置了保护板、保护套，见图 3-1。

石墨电极的作用，一是平稳地支撑加热器，二是通过它对加热器加热，因此要求电极厚重，结实耐用，它与金属电极和加热器的接触面要光滑、平稳，保证接触良好，通电时不打火。石墨电极的设计样式各异，图 3-1 中由电极连接块、电极柱和紧固螺钉共同组成的。

加热器、电极、托碗要求用细结构高纯石墨加工，为了降低成本，其他部件也可用粗结构高纯石墨。结构疏松气孔多的不能用。

现在出现了一种新型保温材料，称为碳/碳复合材料，可以根据用户需要加工成型为整体保温筒，从而代替石墨毡，保温性能好，耐高温，不产生纤维，强度大，重量轻，安装方便。有的厂家正在试用。

热场有大有小，它是按照所用的石英坩埚的直径大小来划分的，目前国内热系统从 $\phi 12''\sim\phi 28''$ 都有，但以 $\phi 18''\sim\phi 22''$ 居多，相应的装料量如表 3-1 所示（不同高度的坩埚，装料量会有差异）。

表 3-1　不同规格热系统坩埚装料量比较表

| 系统规格/in | 16 | 18 | 20 | 22 | 24 |
|---|---|---|---|---|---|
| 坩埚直径/in | 16 | 18 | 20 | 22 | 24 |
| 坩埚高度/in | 12 | 14 | 15 | 15 | 15 |
| 晶体直径/in | $\phi 5\sim 6$ | $\phi 6$ | $\phi 6\sim 8$ | $\phi 8$ | $\phi 8\sim 10$ |
| 装料量/kg | 45 | 60 | 95 | 130 | 160 |

## 3.2　热系统的安装与对中

热系统，特别是新系统在安装前，应仔细擦抹干净，去除表面浮尘，顺便检查部件质量，整个炉室在进行热系统安装前也要清擦完毕。安装顺序一般是由下而上，由内到外。石墨电极分左右两只，安装时，左右对齐，处在同一水平面上，不可倾斜，同时要和托杆对中。放上加热器后，加热器的电极孔和下面电极板的两孔应能对准。如果相差较大，应检查原因，对症下药，进行修理或调整，切不可撑开或者收缩加热器的两极来达到安装目的，这样会造成加热器变形，实不可取。在安装过程中，要求整个热系统对中良好，也就是同心度高，对中顺序如下。

① 托碗与坩埚轴对中：先将托杆稳定地装在下轴上，将下轴转动起来，目测托杆是否偏摆，然后将钢板尺平放在石墨电极板上，并使钢板尺端部靠近托杆外壁。观察两者之间的间隙，间隙保持不变，说明已对中，可以接着装托座和托碗，每装一件，用钢板尺靠近该件检查一次，如果发现间隙变化大，说明该件装配不合理或者老化、变形，应更换新的，最终目的是保证托碗的平正，转动偏心度<1.0mm。以后的对中，均以此为基准。所以，仔细调整托碗对中是很重要的。

② 加热器与托碗对中：转动托碗，调整埚位，让托碗口和加热器口水平（记下这个埚位——称为平口埚位），再同时稍许移动加热器两极，与托碗对中，这时托碗口和加热器口之间的间隙四周都一致。最后适当拧紧石墨连接螺钉，不可太紧，否则在加温中会断裂，可以每次拆炉时检查一下螺钉，有松动者可稍拧紧。

③ 保温罩与加热器对中：调整保温罩位置，做到保温罩内壁和加热器外壁之间四周间隙一致。注意可径向移动，不得转动，否则取光孔和测温孔就对不准了。

④ 保温盖和加热器对中：升起托碗，让其与保温盖水平，调整保温盖位置，使得四周间隙一致。

⑤ 下保温板和电极之间的间隙前后一致，切不可大意造成短路打火。

每次拆炉后，都要例行检查同心度。这样，既可保持与热场的对称性，又能避免短路打火。

新的热系统必须在真空下煅烧 10h，接着在减压状态下煅烧 10h，方能投入使用，在使用中每拉晶 5～8 炉后也要煅烧一次。煅烧功率以不同热场而定，一般要和熔料温度一致或稍高一点。目前普遍采用较大的热场，氩气流量比较大，炉膛内壁比较干净，煅烧的时间和间隔周期可灵活掌握。

## 3.3　热场

热场也称为温度场。热系统内的温度分布状态叫热场。煅烧时，热系统内的温度分布相对稳定，称为静态热场；在单晶生长过程中，热场是会发生变化的，称为动态热场。单晶生长时，由于不断发生物相的转化（液相转化为固相），不断放出结晶潜热，同时，晶体越拉越长，熔体液面不断下降，热量的传导、辐射等情况都在发生变化，所以热场是变化的，称为动态热场。

为了描述热场中不同点的温度变化及分布状态，下面引入"温度梯度"这个概念。

温度梯度是指热场中某点 $A$ 的温度指向周围邻近的某点 $B$ 的温度的变化率，也即单位距离内温度的变化率，如图 3-5 所示，$A$ 点到 $B$ 点的温度变化为 $T_2 - T_1$，距离变化为 $r_2 - r_1$。那么 $A$ 点到 $B$ 点的温度梯度为 $\dfrac{\Delta T}{\Delta r} = \dfrac{T_2 - T_1}{r_2 - r_1}$，通常用 $\dfrac{\mathrm{d}T}{\mathrm{d}r}$ 表示这种温度在 $\vec{r}$ 方向上的变化率。

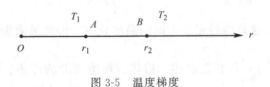

图 3-5　温度梯度

显然两点间的温度差越大，则 $\left|\dfrac{\mathrm{d}T}{\mathrm{d}r}\right|$ 越大，则温度梯度大；反之，两点间的温度差越小，即 $\left|\dfrac{\mathrm{d}T}{\mathrm{d}r}\right|$ 越小，说明温度梯度小，如果 $\left|\dfrac{\mathrm{d}T}{\mathrm{d}r}\right| > 0$，说明由 $A$ 点到 $B$ 点温度是升高的，如果 $\left|\dfrac{\mathrm{d}T}{\mathrm{d}r}\right| < 0$，说明由 $A$ 点到 $B$ 点温度是下降的。

## 3.4　温度梯度与单晶生长

前面讲到，让熔体在一定的过冷度下，将籽晶作为唯一的非自发晶核插入熔体，籽晶下面生成二维晶核，横向排列，单晶就逐渐形成了，但是要求在结晶前沿处有一定的过冷度，才有利于二维晶核的不断形成，同时不允许结晶前沿之外的其他地方产生新的晶核，否则就会破坏单晶的生长。热场的温度梯度必须满足这个要求，才是合适的热场。

曾经有人对静态热场的温度分布进行过测量：沿着加热器的中心轴线测量温度的变化发现加热器的中心温度最高，向上向下都是逐渐降低的，它的变化率称为纵向温度梯度，用 $\dfrac{\mathrm{d}T}{\mathrm{d}y}$ 表示，然后又从轴线上某点沿着径向测量，发现温度是逐渐上升的，加热器中心最低，加热器边缘最高，成抛物线变化，它的变化率称为径向温度梯度，用 $\dfrac{\mathrm{d}T}{\mathrm{d}r}$ 表示，如图 3-6 所示。另外，用下标 S、L 和 S-L 分别表示固相（晶体）、液相（熔体）和固液界面的温度梯度。

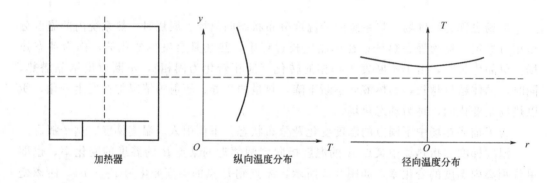

图 3-6 加热器温度分布示意

单晶硅生长时，热场中存在着固体（晶体）、熔体两种形态，温度梯度也有两种。晶体中的纵向温度梯度 $\left(\dfrac{\mathrm{d}T}{\mathrm{d}y}\right)_{\mathrm{S}}$ 和径向温度梯度 $\left(\dfrac{\mathrm{d}T}{\mathrm{d}r}\right)_{\mathrm{S}}$，熔体中的纵向温度梯度 $\left(\dfrac{\mathrm{d}T}{\mathrm{d}y}\right)_{\mathrm{L}}$ 和径向温度梯度 $\left(\dfrac{\mathrm{d}T}{\mathrm{d}r}\right)_{\mathrm{L}}$。这是两种完全不同的温度分布。但是最能影响结晶状态的是生长界面处的温度梯度 $\left(\dfrac{\mathrm{d}T}{\mathrm{d}r}\right)_{\mathrm{S-L}}$，它是晶体、熔体、环境三者的传热、放热、散热综合影响的结果，在一定程度上决定着单晶的质量。

晶体生长时，单晶硅的纵向温度梯度粗略地讲：离生长界面越远，温度越低，即 $\left(\dfrac{\mathrm{d}T}{\mathrm{d}y}\right)_{\mathrm{S}}>0$。如图 3-7 中的 M-$T_{\mathrm{A}}$ 段所示。$T_{\mathrm{A}}$ 为结晶温度，虚线表示液面。

只有 $\left(\dfrac{\mathrm{d}T}{\mathrm{d}y}\right)_{\mathrm{S}}$ 足够大时，才能使单晶硅生长产生的结晶潜热及时传走，散掉，保持结晶界面温度稳定。若 $\left(\dfrac{\mathrm{d}T}{\mathrm{d}y}\right)_{\mathrm{S}}$ 较小，晶体生长产生的结晶潜热不能及时散掉，单晶硅温度会增高，结晶界面温度随着增高，熔体表面的过冷度减小，单晶硅的正常生长就会受到影响。若 $\left(\dfrac{\mathrm{d}T}{\mathrm{d}y}\right)_{\mathrm{S}}$ 过大，结晶潜热很快及时散掉，但是由于晶体散热快，熔体表面一部分

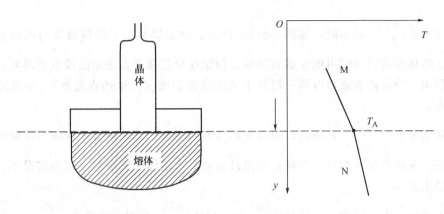

图 3-7 晶体的纵向温度梯

热量也散掉，导致结晶界面温度降低，表面过冷度增大，可能产生新的不规则的晶核，使晶体变成多晶；同时熔体表面过冷度增大，单晶可能产生大量结构缺陷。总之，晶体的纵向温度梯度 $\left(\dfrac{\mathrm{d}T}{\mathrm{d}y}\right)_S$ 要足够大，但不能过大。

晶体生长时，熔体的纵向温度梯度可分为三种情况，如图 3-8 所示。

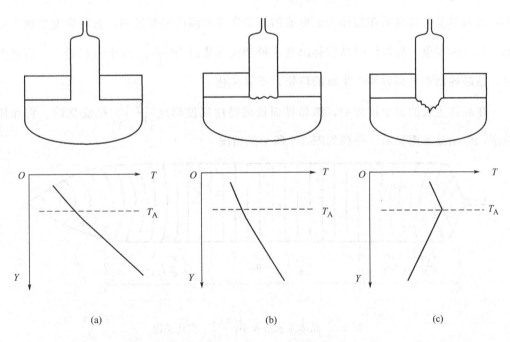

图 3-8 各种不同温度梯度 $\left(\dfrac{\mathrm{d}T}{\mathrm{d}y}\right)_L$ 及晶体生长情况

温度梯度 $\left(\dfrac{\mathrm{d}T}{\mathrm{d}y}\right)_L$ 较大时，如图 3-8(a) 所示，离开液面越远温度越高，即使有较小的温度降低，生长界面以下熔体温度高于结晶温度，不会使晶体局部生长较快，生长界面较平坦的，晶体生长是稳定的。

温度梯度 $\left(\dfrac{\mathrm{d}T}{\mathrm{d}y}\right)_{\mathrm{L}}$ 较小时，如图 3-8（b）所示，结晶界面以下熔体温度与结晶温度相差较少。熔体温度波动时可能生成新晶核，凝结在单晶硅界面使单晶硅发生晶变。晶体生长不稳定。当熔体表面较厚的一层处于实际结晶温度（低于熔点温度），单晶硅生长更不稳定。

特殊情况下，$\left(\dfrac{\mathrm{d}T}{\mathrm{d}y}\right)_{\mathrm{L}}$ 是负值，即离开结晶界面越远，温度越低，熔体内部温度低于结晶温度，从而产生新的自发晶核；单晶硅也会长入熔体形成多晶，这种情况下，无法进行单晶生长。

热场的径向温度梯度，包括晶体 $\left(\dfrac{\mathrm{d}T}{\mathrm{d}r}\right)_{\mathrm{S}}$、熔体 $\left(\dfrac{\mathrm{d}T}{\mathrm{d}r}\right)_{\mathrm{L}}$ 和固液交界面 $\left(\dfrac{\mathrm{d}T}{\mathrm{d}r}\right)_{\mathrm{S\text{-}L}}$ 三种晶向温度梯度。晶体中的径向温度梯度 $\left(\dfrac{\mathrm{d}T}{\mathrm{d}r}\right)_{\mathrm{S}}$ 是由晶体的纵向、横向热传导，表面热辐射以及在热场中新处的位置决定的。一般来讲，中心温度高，晶体边缘温度低，即 $\left(\dfrac{\mathrm{d}T}{\mathrm{d}r}\right)_{\mathrm{S}}>0$。熔体的径向温度梯度主要是靠四周的加热器决定，所以中心温度低。靠近坩埚处温度高，径向温度梯度总是正数，即 $\left(\dfrac{\mathrm{d}T}{\mathrm{d}r}\right)_{\mathrm{L}}>0$，重要的是熔体表面的径向温度梯度的大小，因为单晶生长总是在熔体表面形成的，表面径向温度梯度过小，有时会发生放大时坩埚边结晶的现象。低坩位引晶容易出现这种情况就是因为 $\left(\dfrac{\mathrm{d}T}{\mathrm{d}r}\right)_{\mathrm{L}}$ 过小引起的。然而过大时，结晶界面不平坦容易产生新的位错，不易长苞。

在晶体生长的整个过程中，结晶界面处的径向温度梯度 $\left(\dfrac{\mathrm{d}T}{\mathrm{d}r}\right)_{\mathrm{S\text{-}L}}$ 是变化的。将晶体纵剖，作结晶界面显示，得到如图 3-9 所示的情况。

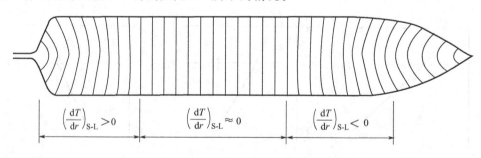

$$\left(\dfrac{\mathrm{d}T}{\mathrm{d}r}\right)_{\mathrm{S\text{-}L}}>0 \qquad \left(\dfrac{\mathrm{d}T}{\mathrm{d}r}\right)_{\mathrm{S\text{-}L}}\approx 0 \qquad \left(\dfrac{\mathrm{d}T}{\mathrm{d}r}\right)_{\mathrm{S\text{-}L}}<0$$

图 3-9　晶体生长过程中 $\left(\dfrac{\mathrm{d}T}{\mathrm{d}y}\right)_{\mathrm{S\text{-}L}}$ 变化情况

从图中可以看出：单晶硅放肩时，结晶界面凸向熔体（操作者在放肩时，将籽晶突然提起，升到副室观察窗，就可以看到凸界面的情况）。凸的趋势慢慢减弱，维持到转肩后不久凸界面逐渐变平。然后又由平逐渐凹向熔体，越到尾部凹的趋势越明显。操作者有时在尾部提起晶体时，可以看到这种凹界面。有人形象地称作"Ω"界面。

单晶生长从头部到尾部，结晶界面经历了由凸变为较平，由较平变凹三个过程，也即 $\left(\dfrac{\mathrm{d}T}{\mathrm{d}r}\right)_{\text{S-L}}>0$ 到近于 0，又变为小于 0 的过程。

由于现在装料量大，晶体直径也大，要做到结晶界面很平坦是不容易的，然而接近平坦是可以办到的，很弱的凸界面及凹界面都可以看成接近平坦，而且这种界面有利于二维晶核的成核及长大。

总之，合理的热场，其温度分布应该满足如下条件：

① 晶体中纵向温度梯度 $\left(\dfrac{\mathrm{d}T}{\mathrm{d}r}\right)_{\text{S}}$ 足够大，但不能过大，保证晶体生长中有足够散热能力，带走结晶潜热；

② 熔体中的纵向温度梯度 $\left(\dfrac{\mathrm{d}T}{\mathrm{d}r}\right)_{\text{L}}$ 比较大，保证熔体内不产生新的晶核，但是，过大则容易产生位错，造成断苞；

③ 结晶界面处的纵向温度梯度 $\left(\dfrac{\mathrm{d}T}{\mathrm{d}r}\right)_{\text{S-L}}$ 适当的大，从而形成必要的过冷度，使单晶有足够的生长动力，不能太大，否则会产生结构缺陷，而径向温度梯度要尽可能小，即 $\left(\dfrac{\mathrm{d}T}{\mathrm{d}r}\right)_{\text{S-L}}\approx 0$，使结晶界面趋于平坦。

## 3.5　热场的调整

应当肯定，目前各单晶硅厂家使用的热场都是比较成功的，一是因为石墨毡保温，总厚度达 100mm 以上，保证了径向温度梯度尽可能小的条件；二是因为热场大，使用的坩埚一般都在 250mm 以上，这样保温罩、保温盖的口径也大了，有充分的纵向散热功能，保证了晶体的纵向温度梯度足够大的条件，同时加强托碗底部的保温效果，保证了熔体中的纵向温度梯度比较大的条件。这种热场成晶率高，有利单晶从头到尾进行无位错生长，不必进行过多的调整。差异在成品率的高低和节能的效果不一样，然而这些指标往往又和设备的优良成度以及管理水平等综合因素相关联。从热场的结构上讲，有的加强了经向保温，采用碳/碳复合材料来降低能耗等。

这里只提出一个值得注意的问题，那就是晶体的纵向温度梯度及径向温度梯度。由于保温系统口径的增大，晶体的纵向温度梯度显然增大了，同时也加大了加热器上部的径向温度梯度，有时会造成"过大"，而且晶体直径增大了，径向温度梯度也增大了，这两个变化容易造成转肩后不久出现位错发生掉苞断棱现象。这时可对热场进行如下调整。

① 在保温盖上加一个保温圈，高 100~150mm，厚 10mm，内径和保温盖孔径同，如果影响取光孔取信号，可开一个小口，有的吊一个保温筒；有的使用了导流筒（也称作热屏），如图 3-1 所示，其作用也是如此。

② 可以适当增加保温罩的高度。一般的热场，其内罩比加热器高 20mm，可再增高 20~30mm，以弥补由于口径增大带来的变化。

其他的调整及作用分别如下，仅供参考。

① 适当提高引晶埚位，可增加纵向温度梯度，同时径向温度梯度稍有增加；降低埚位，作用相反。

② 增加保温层（石墨毡）的总厚度，可减小熔体径向温度梯度；对晶体径向温度梯度，稍有减小；反之减小总厚度，作用相反。

③ 增加一层保温盖，会减小径向温度梯度，而纵向上却有所增加。

④ 增加加热器的厚度会减小熔体径向温度梯度。增加托碗的厚度亦然，但热惯性也变大了，对升温或降温的反应也慢了。

此外，氩气流量的大小、炉内压力的高低、晶体直径的不同，都会影响到温度梯度。

<h2 align="center">习　题</h2>

3-1　石墨加热系统包括哪些重要部件？请标出图 3-10 中各部件的名称。

3-2　说一说，为什么加热器的总瓣数总是 4 的整倍数？

3-3　为了防止埚漏造成意外损失，要采取哪些保护措施？

3-4　图 3-10 和图 3-1 有哪些地方不相同？

图 3-10　热系统剖面图

3-5　热系统在安装过程中要注意几个对中？用什么方法检查是否对中？

3-6　安装电极板时要注意哪些事项？

3-7　如何理解"热场"这个概念？静态热场和动态热场有什么区别？

3-8　"温度梯度"是什么意思？如何表示？

3-9　图 3-11 是一支直拉单晶硅的照片，请画出各段的结晶界面曲线。

3-10　合理的热场，其温度分布应该满足哪些条件？

3-11　说一说直拉单晶硅的静态热场是怎样的分布？

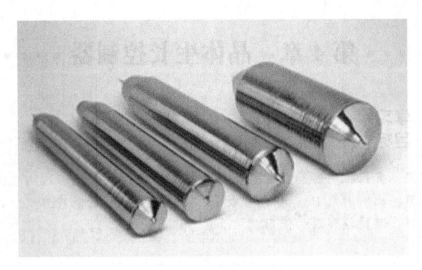

图 3-11　直拉单晶硅晶体

3-12　说一说 $\left(\dfrac{\mathrm{d}T}{\mathrm{d}r}\right)_{\mathrm{S}}$、$\left(\dfrac{\mathrm{d}T}{\mathrm{d}r}\right)_{\mathrm{L}}$、$\left(\dfrac{\mathrm{d}T}{\mathrm{d}r}\right)_{\mathrm{S\text{-}L}}$ 的变化是怎样影响晶体生长的?

3-13　如何调整液相的经向温度梯度?

3-14　如何调整固相的经向温度梯度?

3-15　如何调整固相的纵向温度梯度?

# 第4章　晶体生长控制器

**学习目标**

掌握：直径控制器和温校控制器的基本原理。

理解：比例增益 Pn、积分常数 In、微分增益 Dn 的物理意义。

了解：温校控制器的使用。

## 4.1　CGC-101A 型晶体生长控制器功能简介

CGC-101A 型晶体生长控制器可以控制晶体的生长速度和生长温度，对晶体的等径生长过程实现自动控制。它具有如下功能。

① 直径控制器功能　通过红外测温仪 IRCON 对晶体长时的光环信号进行测量，间接测量晶体的直径变化，并根据直径信号的变化对晶体的提拉速度进行控制，实现晶体直径的等径自动生长。

② 温校控制器功能　通过对晶升速度的测量，将晶升速度与生长过程的拉速设定曲线进行比较，对晶体的生长温度进行控制，使晶体提拉速度按工艺设定曲线进行变化。

③ 坩转程序控制功能　本仪器设置了 20 段可编程坩转控制程序，实现了晶体生长过程的坩转速度控制。

④ 晶转、坩升程序控制功能（选项）　本仪器设置了 20 段可编程晶转、坩升控制程序，实现了晶体生长过程的晶转、坩升速度控制。

⑤ 温校设定曲线　本仪器设置了 20 段开环温校程控曲线，对晶体生长过程的加热温度进行控制。

⑥ 收尾过程控制　本仪器设置了 10 段可编程收尾控制程序，可以根据晶体长度的变化，对晶升速度、温校速率、坩转速度、晶转速度及坩升速度进行程序控制。

⑦ 拉速设定曲线功能　根据生长工艺的要求，本仪器设置了 10 段、20 段任意可选的拉速设定曲线，供用户进行选择。

⑧ 计长、算重功能　本仪器通过计长信号对晶体长度进行计算并显示，并根据操作人员输送的直径参数对晶体重量进行计算。

## 4.2  CGC-101A 型晶体生长控制器的开关状态说明

CGC-101A 型晶体生长控制器的输入信号及输出信号通过仪器后部的端子引出，仪器后部示意图见图 4-1，图中接线端子部分的线号及信号定义均在仪器后板上有标志。端子的上/下部均标有线号，端子的上部还标有接线说明，这是提供给电工用的。红色 DIP 设置开关用于 CGC-101A 型控制器功能的选择，如表 4-1 所示，工艺人员应该知道。

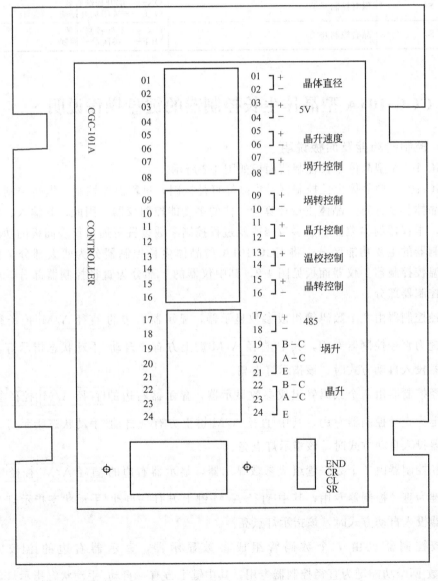

图 4-1  CGC-101A 型晶体生长控制器后部接线端子图

表 4-1　CGC-101A 型晶体生长控制器的 DIP 开关状态说明

| 开关位置 | 用途 | 功能 |
| --- | --- | --- |
| S1 | 10 段/20 段曲线选择 | ON——10 段曲线<br>OFF——20 段曲线 |
| S2 | 晶升速度测量方式 | ON——计长脉冲测速<br>OFF——测速机信号测速 |
| S3 | 参数屏蔽开关 | ON——关闭可屏蔽参数<br>OFF——打开可屏蔽参数 |
| S4 | 收尾控制开关 | ON——收尾控制有效<br>OFF——关闭收尾控制 |
| S5 | 埚转控制开关 | ON——埚转控制有效<br>OFF——关闭埚转控制 |
| S6 | 埚升控制开关 | ON——埚升控制有效<br>OFF——关闭埚升控制 |
| S7 | 晶转控制开关 | ON——晶转控制有效<br>OFF——关闭晶转控制 |

## 4.3　CGC-101A 型晶体生长控制器的键盘操作说明

### 4.3.1　控制器功能及面板说明

CGC-101A 型晶体生长控制器面板如图 4-2 所示。

CGC-101A 型晶体生长控制器是集晶体直径控制，过程温校控制，埚转控制，收尾控制，晶体长度计算、晶体重量计算为一体的多功能控制仪器。因此，其输入、输出参数较多，本仪器的参数显示、参数修改及过程控制参数设置可通过仪表面板的功能键完成。控制器的主要功能区分，将 CGC-101A 型晶体生长控制器分为两大部分：直径控制器及温校控制器。仪器面板见图 4-2，其中仪器的上部分为直径控制器部分，而下部为温校控制器部分。

直径控制器由 7 个数码管组成参数显示器，显示器右边的 直径 A/M 控径参数 两个功能键为直径控制器专用，其中 直径 A/M 键上方有一自动/手动状态指示灯，当直径控制器投入自动方式时，该指示灯点亮。

直径控制器由 7 个数码管组成参数显示器，显示器右边的 直径 A/M 控径参数 两个功能键为直径控制器专用，其中 直径 A/M 键上方有一自动/手动状态指示灯，当直径控制器投入自动方式时，该指示灯点亮。

直径控制器由 7 个数码管组成参数显示器，显示器右边的 直径 A/M 控径参数 两个功能键为直径控制器专用，其中 直径 A/M 键上方有一自动/手动状态指示灯，当直径控制器投入自动方式时，该指示灯点亮。

温校控制器也由 7 个数码管组成参数显示器，显示器右边的 温校 A/M 、控温参数 两个功能键为直径控制器专用，其中键上方有一自动/手动状态指示灯，当温校控制器投入自动方式时，该指示灯亮。另外温校控制器上方有 3 个指示灯，用于指示升温、恒温、降温状态。

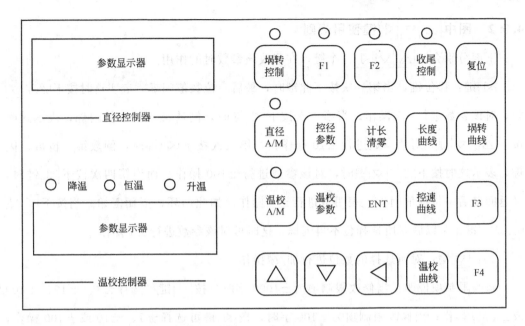

图 4-2 CGC-101A 型晶体生长控制器面板图

除了直径控制器，温校控制器专用键外，还有以下功能按键。

控制程序设定键：这些键分别是 长度曲线 、 拉速曲线 、 温校曲线 、 埚转曲线 四条设定曲线。

控制功能有效键：它们是 埚转控制 、 收尾控制 及 ENT 键。当按下 埚转控制 时，如果上部指示灯点亮，表明 埚转控制 程序有效。当按下 收尾控制 键，并按下该键 3s 内按下确认键 ENT 时，如果上部指示灯点亮，表明收尾控制程序有效。

注意：① 在直径控制器或温校控制器投入自动时，按 收尾控制 键无效。

② 在收尾控制有效时，按 直径 A/M 键及 温校控制 键无效。因此，为防止操作失误，收尾控制及等径控制不能同时有效。

当显示器显示出某一参数时，如果该参数为可修改的参数，则可使用参数修改键对该参数进行修改，例如：当按直径控制器的 控制参数 键，显示出控速输出参数时，显示器显示出如下字样：OP±×.××，该参数的特征如表 4-2 所示。

表 4-2 参数表（一）

| 序号 | 参数名称 | 显示字样 | 单位 | 参数范围 | 修改限制 |
|------|----------|----------|------|----------|----------|
| 2 | 控制输出 | OP±×.×× | mm/min | −5.00～+5.00 | ±100 字 |

这表明该参数的下限限幅为 −5.00，上限幅为 +5.00，每次按 △/▽ 键，最大修改 100 个字，即（1.00）。

### 4.3.2　图中 △ ▽ ◁ 键使用规则

下面分别介绍 △ ▽ ◁ 三个键，在修改该参数时的作用。

◁ 键：移位键，当第一次按下此键时，最后一位数值闪烁，表明这时按下 △/▽ 时，对该参数进行±1操作；当第二次按下 ◁ 键时，倒数第二位数值闪烁，表示这时按下 △/▽ 键，对该参数进行±10操作；当第三次按下 ◁ 键时，倒数第三位数值闪烁，表示这时按下 △/▽ 键时，对该参数进行±100操作；而当第四次按下 ◁ 键时，又返回最后一位数值闪烁，表明可进行±1操作，如此循环，周而复始。当按下 ◁ 或 △/▽ 键10s以后，所选择位不再闪烁，这时可对该参数进行±1操作。

△/▽ 键：对所选择的数位进行加/减操作。

修改限制项说明：当修改限制项为±1000字时，按 ◁ 键可选择±1、±10、±100或±1000操作；当修改限制项为±100字时，按 ◁ 键可选择±1、±10或±100操作，当修改限制为±10字时，按 ◁ 键选择±1、±10操作；而当修改限制为±1字时，按该键只能选择±1操作。

参数范围项说明：参数范围项给出该参数的最大值和最小值，当按 △ 键修改该参数时，该参数的上限值即为最大值，当按 ▽ 键修改该参数时，该参数的下限值即为最小值。

### 4.3.3　直径控制器操作按键使用说明

直径控制器共有3个操作键，下面分别介绍各键的功能。

（1）控径参数 键

按下此键后，显示器可切换显示出如表4-3所示的参数值。

表 4-3　参数表（二）

| 序号 | 参数名称 | 显示字样 | 单位 | 参数范围 | 修改限制 |
|---|---|---|---|---|---|
| 0 | 晶体直径 | $D_1$××× | | 0~999 | 不能修改 |
| 1 | 设定直径 | SP××× | | 0~999 | ±100字 |
| 2 | 控速输出 | OP±×.×× | mm/min | −5.00~+5.00 | ±100字 |
| 3 | 晶体长度 | L×××× | mm | 0~1999 | 不能修改 |
| 4 | 晶体重量 | P××.×× | kg | 0~99.99 | 不能修改 |
| *5 | 比例增益 | Pn×.×× | | 0~1.99 | ±100字 |
| *6 | 积分常数 | In××× | | 1~200 | ±100字 |
| *7 | 微分增益 | Dn×.× | | 0~9.9 | ±100字 |
| *8 | 控制周期 | t××.× | s | 1~99.9 | ±100字 |
| *9 | 控径参数 | E1×.×× | | 0~3.00 | ±100字 |
| *10 | 微分斜率 | E2×× | | 0~99 | ±100字 |
| 11 | 预送直径 | Id | mm | 0~254.0 | ±100字 |

注：1. 修改参数可通过 ◁ 、 △ 、 ▽ 键进行修改。

2. 当设置开关S3＝ON，*项参数不显示。

3. 按下 计长清零 键时，晶体重量P、晶体长度L同时清零。

4. 仪器断电后，上述参数可保存10年。

（2) 计长清零 键

按下该键后对晶体长度 $L$ 及晶体重量 $P$ 清零。当温校控制器投入自动时，该键无效。收尾控制状态此键也无效。

（3) 直径 A/M 键

该键为自动/手动状态切换开关。当仪器在自动状态时， 直径 A/M 键上而后指示灯亮。并且将当时的晶体直径信号作为设定直径。

### 4.3.4 温校控制器操作按键使用说明

温校控制器共有 2 个操作键，下面分别介绍各键的功能：

（1) 控温参数 键

按下该键后，显示器可切换显示如表 4-4 所示的参数表。

**表 4-4 参数表（三）**

| 序号 | 参数名称 | 显示字样 | 单位 | 参数范围 | 修改限制 |
|------|----------|----------|------|----------|----------|
| 0 | 晶升速度 | SL×.×× | mm/min | 0～9.99 | 不能修改 |
| 1 | 拉速设定 | SP×.×× | mm/min | 0～4.99 | ±100 字 |
| 2 | 温校速率 | tr±××.× | $\mu$V/min | −99.9～99.9 | ±100 字 |
| 3 | 温校输出 | OP×××× | $\mu$V | 0～4095 | ±100 字 |
| *4 | 比例增益 | Pn×.×× | | 0～5.00 | ±100 |
| *5 | 积分常数 | In××× | | 0～500 | ±100 |
| *6 | 备 用 | Dn×.× | | 1～200 | ±100 |
| *7 | 控制周期 | t××.× | s | 0～19.9 | ±100 |
| 8 | 设定温校 | E3±××.× | $\mu$V/min | −99.9～99.9 | 不可修改 |
| 9 | 埚位计长 | CH±×××.× | mm | −200.0～200.0 | ±100 字 |

注: 1. 表中可修改参数可通过 △ ▽ ◁ 键进行修改。

2. 当设置开关 S3＝ON，＊项参数不显示。

3. 在晶体等径生长时，温校输出 OP 的修改用±1 字修改，防止温度波动，造成系统不稳定。而不能用±10、±100 字方式修改。即这时只用 △/▽ 键，而不用 ◁ 键。

4. 温校输出 OP 的满度输出范围为 8～20mV 之间，因此量纲指示中的 1$\mu$V 实际代表 2～4$\mu$V。

5. 仪器断电后，上述参数可保存 10 年。

（2) 温校 A/M 键

按下 温校 A/M 键时，温校控制器状态由自动变为手动或手动变自动，当自动状态时， 温校 A/M 键上方的指示灯点亮。并且将当时的晶升速度作为设定拉速。同时将设定温核速率 E3 作为当前的温校速度 Tr。

### 4.3.5 程序控制曲线

CGC-101A 控制器共设置了长度曲线、拉速曲线、温校曲线及埚转曲线共 4 条曲线（有的炉型还有晶转曲线）。其中长度曲线为参考坐标，其他三条曲线为功能曲线，其中每条曲线均设有等径控制部分及收尾控制部分。表 4-5 列出了这 4 条可编程曲线。

表 4-5　晶体生长可编程设定曲线表

| 控制功能 | 长度曲线 | 拉速曲线 | 温校曲线 | 埚转曲线 |
|---|---|---|---|---|
| 等径控制 | L00　0<br>L01××<br>L02××<br>⋮<br>L19××<br>L20×× | SLr00　0<br>SLr01±×.××<br>SLr02±×.××<br>⋮<br>SLr19±×.××<br>SLr20±×.×× | Trr00±××.×<br>Trr01±××.×<br>Trr02±××.×<br>⋮<br>Trr19±××.×<br>Trr20±××.× | Crop±××.×<br>Crr00　0<br>Crr01±×.×<br>Crr02±×.×<br>⋮<br>Crr19±×.×<br>Crr20±×.× |
| 收尾控制 | HL01×××<br>HL02×××<br>⋮<br>HL09×××<br>HL10××× | HSLr01±×.××<br>HSLr02±×.××<br>⋮<br>HSLr09±×.××<br>HSLr10±×.×× | HTrr01±××.×<br>HTrr02±××.×<br>⋮<br>HTrr09±××.×<br>HTrr10±××.× | HCrr01±×.×<br>HCrr02±×.×<br>⋮<br>HCrr09±×.×<br>HCrr10±×.× |
| 量纲指示 | mm | mm/min | $\mu$V/min | rpm |
| 参数范围 | 0～999 | −1.00～+1.00 | −30.0～30.0 | −10.0～10.0 |
| 修改限制 | ±100 | ±100 | ±100 | ±100 |

注：1. 表中可修改参数可通过 △ ▽ ◁ 键进行修改。

2. 当设置开关 S3＝ON 时，只显示表中第一行参数。

3. 当设置开关 S1＝ON 时，等径控制段为前 10 段有效。

4. 当设置开关 S4＝ON 时，收尾控制段控制。

5. 当设置开关 S5＝ON 时，埚转控制有效。

6. 仪器断电后，上述参数可保存 10 年。

（1）长度曲线说明

长度曲线为相对长度曲线，及每段的长度之和为总晶体长度。

在等径段，长度是从等径生长开始计算的。在收尾段，长度是从收尾控制有效开始计算的，即按下 收尾控制 键及 ENT 键使 收尾控制 键上部指示灯点亮，这时控制器自动记下这时的晶体长度，并以此为起点，开始收尾段的程序控制。

（2）拉速曲线说明

拉速曲线为相对曲线，它以晶体长度为坐标，自动按设定曲线进行变化。在等径段，拉速曲线对晶升设定 $SP$ 值进行自动修正，使晶升设定值随晶体长度的变化为缓慢下降。

在收尾段，拉速曲线对晶升控制 $OP$ 值进行自动修正，使晶升速度收尾过程要求自动变化，以达到自动收尾的目的。

（3）温校曲线说明

在等径段，温校曲线为绝对坐标，当温校控制器投入自动生长时，温校速率随晶体长度的变化自动变化。

在收尾段，温校速率为相对坐标，当等径控制转入收尾控制时，温校速度在等径生长的基础上按设定曲线进行变化。

（4）埚转曲线说明

埚转曲线为一独立的控制功能，在等径段及收尾段均为相对坐标，只要 埚转控制键上方指示灯亮，这时，随着长度的变化，其坩转输出 $Crop$ 值会按设定曲线自动变化。

当收尾控制有效时，$Crop$ 按收尾段程序变化，而当收尾控制无效时，$Crop$ 按等径段程序变化。

# 4.4 CGC-101A 型晶体生长控制器参数设置及定义

在晶体生长过程中，晶体的直径主要受晶升速度和熔体温度的变化而变化的。当晶升速度增大时，晶体直径变小，反之当晶升速度减小时，晶体直径变大。当熔体温度升高时，晶体直径变小，反之，当晶升速度减小时晶体直径变大。因此，晶体直径的控制是通过控制晶体升速度和加热器温度而实现的。这就是直径控制器和温校控制器。

## 4.4.1 直径控制

（1）直径控制器的原理

直径控制器的原理框图如图 4-3 所示。

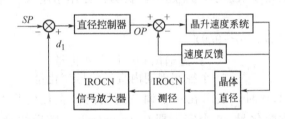

图 4-3 直径控制器原理图

由图 4-3 中可见，当晶体直径变化时，直径控制器会自动调节晶升速度。使晶体直径保持不变。如下所示。

① 晶体直径变大时：直径信号 $d_1$ ↑ → 控速输出 $OP$ ↑ → 晶升速度 $SL$ ↑ → 晶体直径 ↓

② 晶体直径变小时：直径信号 $d_1$ ↓ → 控速输出 $OP$ ↓ → 晶升速度 $SL$ ↓ → 晶体直径 ↑

即不论直径信号如何变化，直径控制器都能保证晶体直径的变化在一定的范围之内，这就是直径控制器的作用目的。

（2）直径控制器的参数说明

直径控制器的参数分为两部分：输入/输出参数和控制器内部参数。

① 输入/输出参数：按下直径控制器上的 控径参数 键时，可显示 3 个输入/输出参数：直径信号 $d_1$，直径设定 $SP$，控速输出 $OP$。

• 直径信号 $d_1$：该参数是一个相对直径测量参数，其数值的大小与实际直径参数无关。它是通过测量晶体生长进程中的固液交界面的"光环"信号的变化，而间接测量晶体的直径变化。当晶体直径变大或变小时，直径信号 $d_1$ 也随之变大或变小。

• 直径设定 $SP$：当晶体等径生长时，在直径控制器投入自动时的一瞬间，自动取这一瞬间的直径信号 $d_1$ 作为直径设定值。

• 控速输出 $OP$：该参数为一双极性输出参数，其数值正负变化，量纲为 mm/min，与实际晶升速度计量单位一致。

② 控制器内部参数：按下直径控制器的 控径参数 键时，可显示 4 个控制器内部参数：比例增益 $P_n$，积分常数 $I_n$，微分增益 $D_n$，控制周期 $t_r$，控径参数 $E_1$ 及微分斜率 $E_2$。这些参数的定义如下。

• 比例增益 $P_n$：（$P_n = 0 \sim 1.99$）

$$P_n = \frac{\text{拉速输出 } OP \text{ 变化量}}{\text{直径信号偏差}(d_1 - SP)}$$

例如：当 $P_n = 1.0$ 时，表明直径信号偏离设定值 10 个字时，拉速输出 $OP$ 值也变化 10 个字即 0.1mm/min。

$P_n$ 越大表明比例作用越强，$P_n$ 越小表明比例作用越小。当 $P_n = 0$ 时，比例作用无效。

• 积分常数 $I_n$：（$I_n = 1 \sim 199$）

积分常数定义：每个控制周期对直径偏差值（$d_1 - SP$）进行累加，当累加值数值绝对值 $> I_n \times 100$ 时，拉速输出值 $OP$ 变化 0.01mm/min。

$I_n$ 越大，表明积分作用越小，$I_n$ 越小，表明积分作用越大。当 $I_n > 199$ 时，积分作用无效。

• 微分增益 $D_n$（$D_n = 0 \sim 9.9$）

$$D_n = \frac{\text{拉速输出 } OP \text{ 最大变化量}}{\text{一个控制周期内直径信号变化量}}$$

例如：当 $D_n = 1.0$ 时，表示在一个调节周期内，直径信号变化 10 个字时，拉速输出值 $OP$ 值最大变化量 10 个字，即 0.1mm/min。随后微分作用随时间变化而衰减。

• 控制周期 $t$（$t = 0.1 \sim 99.9s$）：控制周期即直径控制器每隔一个控制周期，对控速输出进行一次调整。

• 控径参数 $E_1$（$E_1 = 0.00 \sim 3.00$）：根据晶体直径变化对晶升速度进行控制，一般 $E_1$ 的值选择在 $E_1 = 1.00$ 左右。

• 微分斜率 $E_2$（$E_2 = 0 \sim 99$）：微分斜率指微分作用的衰减化，当 $E_2 = 80$ 时，如果本次微分作用的最大为 0.20mm/min，则当直径信号不再变化时，下个控制点上微分的作用为 $0.20 \times 80\% = 0.16$mm/min。一般 $E_2$ 的取值在 $50 \sim 80$ 之间即可。

• 控制器参数的选择：在一般情况下，$P_n = 0.4 \sim 1.0$，$I_n = 30$，$D_n = 0.5 \sim 1.0$，$t = 1.0$，$E_1 = 1.00$，$E_2 = 80$ 左右为好。

### 4.4.2 温校控制器

（1）温校控制器原理

温校控制器的作用是在晶体生长过程中，控制加热器温度，使晶升速度按拉速设定曲线 $SL$ ramp 的设置而变化。当晶升速度偏离设定值时，温校控制器改变控温输出 $OP$ 值的大小，使晶体直径发生变化，这时，直径控制系统控制晶升速度系统，使晶升速度 $SL$ 接近拉速设定值 $SP$。如图 4-4 所示。

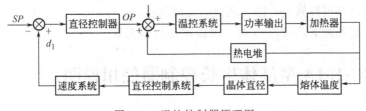

图 4-4　温校控制器原理图

（2）温校控制器参数说明

同直径控制器一样，温校控制器的参数也分为两部分。

① 输入/输出参数：包括晶升速度 $SL$，控温输出 $OP$，温校速率 $t_r$，设定拉速 $SP$（即拉速设定曲线 $SL$ ramp），按下温校控制器的 控温参数 键可显示以下这几个参数。

•升速度 $SL$（$0\sim9.99$mm/min）：该参数的显示值同晶升速度单机的显示一样，参数量纲为 mm/min。

•控温输出 $OP$（$0\sim4095\mu$V）：该参数为一输出数字参数，其输出数值 $0\sim4095$，对应输出电压为 $0\sim20$mV 左右（可调）。

•温校速率 $t_r$（$-99.9\sim99.9\mu$V/min）：温校速率是指每分钟控温输出 $OP$ 的变化量，当 $t_r<0$ 为降温状态，$t_r>0$ 为升温状态，当 $t_r=0$ 为恒温状态。

•设定拉速 $SP$（$SL$ ramp）

在温校控制器投入自动前，应将拉速 $SL$ 调整到接近设定拉速 $SP$，然后再投自动，因为控制器会将该时刻的晶升速度 $SL$ 作为设定拉速 $SP$，如果相差太大，就会延长拉速的调整过程，温度波动也会较大，对等径控制不利。以后的拉速就会按照设定的拉速曲线 $SL$ ramp 而变化。

② 温校控制器的内部参数：包括比例增益 $P_n$，积分常数 $I_n$ 及控制周期 $t$。

•比例增益 $P_n$（$P_n=0\sim5.00$）

$$P_n=\frac{温校速率变化量}{本周期拉速偏差值-上周期拉速偏差值}$$

当 $P_n=1.00$ 时，本周期拉速偏差与上周期拉速偏差值为 0.1mm/min 即 10 个字时，温校速率变化量也为 10 个字，即 $1.0\mu$V/min。$P_n$ 越大，比例作用越强，$P_n$ 越小，比例作用越弱。

•积分常数 $I_n$（$I_n=0\sim500$）：积分常数定义为当 $I_n=100$ 时，拉速偏差值为 0.1mm/min，即 10 个字时，在一个控制周期内，积分作用使温校速率 $t_r$ 变化 $0.1\mu$V/min。$I_n$ 越大，积分作用越强，$I_n$ 越小，积分作用越弱。

•控制周期 $t$（$t=0.1\sim99.9$s）：控制周期表示每隔时间 $t$，对温校速率进行一次调整。

•温校控制器内部参数的选择：在一般情况下，选 $P_n=0.3$，$I_n=20$，$t=30.0$ 左右为好。

•温校设定速率与温度控制器参数的关系：温校设定速率是根据晶体生长过程中的温度变化趋势，预先设置一条温校速率曲线，然后温校控制器根据晶体生长过程中的拉速变化对温校速率进行修正，以实现自动温度补偿。

当温校控制器的 $P_n$、$I_n = 0$ 时，温校闭环控制无效。

# 4.5　CGC-101A 型晶体生长控制器使用说明

### 4.5.1　直径控制器的使用

（1）上电准备工作

直径控制器在本次仪器上电以前，保存着上次拉晶结束时的所有数据状态，它们包括显示参数表的所有数据，设置参数表的所有数据，自动/手动状态。

上电后要作如下准备工作：

① 如果直径控制器在自动状态，按 $\boxed{\text{直径 A/M}}$ 键，使直径控制器在手动状态；

② 按 $\boxed{\text{控径参数}}$ 键，选择控速输出参数"OP×.×××"，按参数修改键使其数值为零。

（2）晶体放肩转等径时

① 按 $\boxed{\text{计长清零}}$ 键，使晶体长度及晶体重量清零；

② 用测径仪测量晶体直径，按控径参数键，当显示预送直径"Id×××.×"时，修改该参数，将实际直径送入。这时直径控制器准确计算晶体的重量。

（3）等径生长稳定时

这时按下 $\boxed{\text{直径 A/M}}$ 键，将测量直径送入设定直径，并使 $\boxed{\text{直径 A/M}}$ 键上方的指示灯点亮，表明直径控制器已投入自动运行，晶升速度会随晶体直径的变化而自动调节，达到晶体自动等径生长的目的。

（4）自动/手动状态的切换

在晶体生长过程中，由于干扰等因素的作用，如果晶体直径的控制效果不好，这时可以切回手动状态，当操作人员控制晶体重新稳定生长时，可重新投入自动，这时自动/手动的状态切换是无扰的。

### 4.5.2　温校控制器的使用

（1）上电准备工作

温校控制器在本次仪器上电以前，保存着上次拉晶结束时的所有数据和状态，它们包括显示参数表的所有数据，设置参数表的所有数据，自动/手动状态。因此上电后要做以下准备工作。

① 如果温校控制器在自动状态，按 $\boxed{\text{温校 A/M}}$，使温校控制器在手动状态。

② 按温校控制器的控温参数键，选择温校速率"tr××.×"，使其值为零，即恒温状态。选择温校输出"OP××××"，使其值为 800 左右。

③ 检查设定曲线，如果不需改变参数，则保持其参数不变；如果要改变参数，则对相应参数重新设置。

（2）引晶放肩过程

在此过程，如果需要温校速率补偿温度变化，则设置温校速率参数，这时温校功能为手动方式下的固定斜率变化。

（3）晶体等径生长

当晶体刚转入等径生长时可设置温校速率为一固定斜率变化，完成温校手动控制，当晶体等径生长，直径控制器投入自动后，稳定一段时间，即可按温校控制器上的 温校 A/M 键，使温校控制器投入自动。这时温校速率随晶升速度的变化而变化。

（4）自动/手动状态切换

在温校控制器自动/手动切换过程中，温校输出值保持不变。在手动自动切换过程中，当前的温校速率值即成为设定温校速率值，并在此基础上温校速率随晶升速度的变化而变化。不论在手动还是自动状态，均可修改温校速率。

（5）收尾控制

当晶体由等径控制转入收尾控制时，这时按 直径 A/M 键及 温校 A/M 键，退出自动状态。这时的晶升速度及温校速率均不再变化，这时按下 收尾控制 键，并在3s内按下 ENT 键，即进入收尾控制，这时的晶升速度，温校速率按收尾程序控制。

## 4.5.3 控制器参数的设置

关于这部分内容，在第4.4节里介绍得比较详细。这里需要指出的是，控制器的内部参数，即P、I、D参数，控制周期 $t$，设定曲线等，在设备调试完成后，已经调试好，有关工艺人员要将这些参数记录在案，以便以后设置控制器参数时参考。在设置这些参数时，如果这些参数被屏蔽，不能显示出来，则将仪器后部DIP开关的K3打到OFF位置后即可显示。

习　　题

4-1　CGC-101A型晶体生长控制器具有哪些功能？

4-2　直径控制器功能和温校控制器功能各有什么功能？

4-3　图4-2中的直径控制器和温效控制器各包括哪些参数？

4-4　收尾控制及等径控制为什么不能同时有效？

4-5　 △ ▽ ◁ 键各有什么作用？当修改限制项为不同数字时，它们修改的范围是多少？

4-6　了解图4-1中接线端子部分的线号及作用。

4-7　开关S1放在ON位置和OFF位置有什么不同？

4-8　直径控制器有几个操作键？它们都有什么作用？

4-9　温校控制器有几个操作键？它们都有什么作用？

4-10　CGC-101A型控制器共设置了几条可编程序控制曲线？其中长度曲线有什么重要作用？最多可分多少段？它和晶体长度有何关系？

4-11　当晶体直径变化时，直径控制器是怎样进行直径控制的？

4-12　控径的内部参数有几个？它们各有什么作用？

4-13　谈谈温校控制器的作用原理，为什么它要以实际拉速与设定拉速的偏差值为控制的依据？

4-14 温校控制器的内部参数 $P_n$、$I_n$、$t$ 各有什么物理意义？各起什么作用？

4-15 温校控制器上电前应做什么准备工作？

4-16 在投入自动控制后，温校速率会怎样变化？

4-17 如何进行自动收尾？

4-18 直径控制器在上电前应做哪些准备工作？

4-19 在什么情况下投入自动控制比较好？如果控制不好应采取什么措施？

# 第5章　原辅材料的准备

**学习目标**

掌握：硅原料的分类及处理。

理解：腐蚀原理及安全防护。

了解：籽晶的准备。

直拉单晶硅的原辅材料是指多晶料、石英坩埚、掺杂剂、籽晶以及钼丝、氩气等。这些材料除氩气外都要进行腐蚀、清洁处理。其纯度，特性都有一定的要求，才能适宜单晶生长。这个过程叫做原辅材料的准备，简称备料。

备料工作应由备料中心统一管理，根据产品规格提前将原辅材料准备好，准确称量多晶硅和掺杂剂，并进行洁净包装。坩埚、籽晶、钼丝等也需洁净包装，同时填好生产指令单，核对无误后，一并送达拉晶岗位。

## 5.1　硅原料

### 5.1.1　硅原料的分类和处理

这里讲的"硅原料"指准备装入石英坩埚中进行单晶拉制的原料，包括还原法多晶硅、硅烷法多晶硅、区熔单晶头尾料、直拉单晶头尾料、锅底料、硅片回收料等。

还原法多晶硅以工业硅为原料，经过粉碎、研磨、氯化、粗馏、精馏、还原等工序制备的，纯度可达九个"9"以上，其磷含量＜$1.5 \times 10^{13}$个原子/$cm^3$（相应于 N 型电阻率≥300Ω·cm）；硼含量≤$4.5 \times 10^{12}$个原子/$cm^3$（相应于 P 型电阻率≥3000Ω·cm）。因此，又称为高纯度多晶硅，经中子活化分析，近 20 种金属杂质总量≤$1 \times 10^{-8}$（10ppb）；碳含量一般在 $10^{15} \sim 10^{16}$原子数/$cm^3$，氧含量 $10^{16} \sim 10^{17}$原子数/$cm^3$。

图 5-1 为改良西门子法生长的多晶硅棒，还原炉有大有小，可以生长 4 对、6 对、9 对……24 对棒不等。还原多晶料，可根据用户所需要的直径进行生产。目前最大直径可达 150～250mm，长 2.5m 以上，大型多晶炉每炉可产多晶 4500～5000kg 以上，N 型电阻率可达 1000 Ω·cm，普遍用作区熔单晶硅和电路级的直拉单晶硅原料。目前，国内多晶硅纯度国家标准如表 5-1。

图 5-2 为其中的一对，还原法多晶料的外形如圆棒，表面金属光泽好，呈银灰色，断面结晶致密，颜色一致，没有圆圈状的杂色纹，即氧化夹层或者温度圈。

使用前，沿白线切断，上面为横梁料，下面为碳头料，中间为直棒多晶料，其中横

图 5-1 还原炉生长的多晶硅棒

表 5-1 多晶硅纯度

| 项 目 | 多晶硅等级 | | |
| --- | --- | --- | --- |
| | 一级品 | 二级品 | 三级品 |
| N 型电阻率/Ω·cm | ≥300 | ≥200 | ≥100 |
| P 型电阻率/Ω·cm | ≥3000 | ≥2000 | ≥1000 |
| 碳浓度/(at/cm³) | ≥1.5×10^{16} | ≥2×10^{16} | ≥2×10^{16} |
| N 型少数载流子寿命/μs | ≥500 | ≥300 | ≥100 |

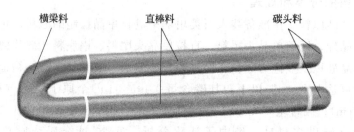

图 5-2 还原多晶硅料

梁料和碳头料可以作直拉单晶硅用，直棒料既可做直拉料用，也可做区熔料用。作直拉料时要破碎成短节和块状，以便装入石英坩埚内，如图 5-3 所示。

硅烷棒状多晶料相对于还原多晶料来说，纯度更高，价格也高些，一般提供给高阻区熔单晶作原料。

粒状多晶硅通常为 2～12mm 左右的颗粒，颜色灰暗，纯度只有六个"9"，国内目前多来源于国外。可用作太阳能级硅原料，但不适于电路级单晶用，如图 5-4 所示。

图 5-3 破碎后的多晶硅块

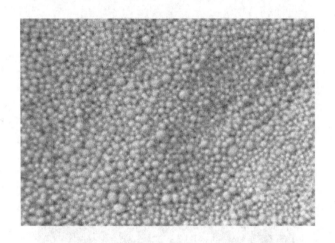

图 5-4 粒状多晶硅

区熔单晶头尾料是指区熔单晶切下合格产品后剩余的部分，如放肩、转肩部分，收尾部分因其某些参数不合格的部分，以及测试用片等。因为区熔单晶一般都采用中子辐照的方式进行掺杂来达到目标电阻率，均为 N 型掺杂。照前、照后的电阻率相差很大，所以在使用前要仔细分清楚。好在区熔单晶一般使用的都是正品多晶料，又经过成晶提纯，所以辐照前的头尾料可作为电路级直拉单晶原料，辐照后头尾料要根据电阻率的高低分级使用，物尽所值；如果是区熔夹头料，要用榔头砸去料头上的熔化部分，这个熔区集聚了成晶过程中分凝出来的杂质，同时又有高温下夹头带来的金属污染，更要注意腐蚀和清洗。因打火碰线圈、流料等原因形成的料头以及有金属熔迹的料头都应去除不用，除非经特殊处理将金属污染去除干净后方能作太阳能用料。

直拉单晶回收料，如图 5-5 所示，是指出炉单晶经检测后不能作为产品的剩余部分，如放肩、转肩部位；直径、电阻率、寿命、缺陷等不合格的部分以及测试片等；直拉单晶边皮料，如图 5-6 所示，是指将圆锭开成方锭过程中切割下来的圆弧形边角余料等。

因为直拉单晶是经过掺杂进行生产的，所以，型号、电阻率较复杂，平时处理时应按型号、电阻率分类收集，严格分开，不得混淆，特别是重掺级头尾料，要单独存放，一旦混入轻掺原料中，会造成导电型号混乱，掺杂不准，单晶报废的恶果。

图 5-5　直拉单晶回收料

图 5-6　直拉单晶边皮料

　　直拉单晶回收料应按不同型号、不同电阻率分档：重掺级（1.0Ω·cm 以下的）、1～5Ω·cm、5～10Ω·cm、10～20Ω·cm、>20Ω·cm 等。这样可以根据产品档次分类使用。

　　直拉回收料生产的单晶，一般用于分立元件，如晶体管、晶闸管等，不得用于集成电路级。

　　使用中，应做到 N 型掺磷料用于生产掺磷的 N 型产品，P 型掺硼料用于生产掺硼的 P 型产品。重掺级的回收料只能用于同型号的重掺产品。使用两次以后的复拉料不要再重复使用，可用于太阳能级单晶做原料。使用直拉头尾料掺杂不易准确，可根据其电阻率计算掺杂，第一炉少掺一点，并拉小单晶一节（φ<20mm）。利用副室及隔离阀的作用，从副室取出测其电阻率，再进行补掺，那么第一炉就可以掺准了。

　　坩底料，如图 5-7 所示，同样要按该炉生产的型号、电阻率分类存放，它们只能用于拉制太阳能级单晶，使用前要用尖锥　头仔细剔去石英片，得到一堆大小不等的颗粒如图 5-8 所示，放入腐蚀多晶料的废液中浸泡数天，将混入坩底料中的石英渣全部溶掉，再进入腐蚀工序。

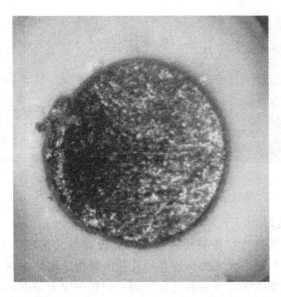

图 5-7　处理前的坩底料

图 5-8　处理后的坩底料

生长多晶的硅芯被石墨夹瓣夹住的一端，在多晶生长过程中，会逐渐被沉积的多晶硅包裹起来，因端头里含有石墨，所以称为碳头料，如图 5-2 所示。使用前应砸开来，仔细敲掉其中的石墨材质，方能使用。石墨很难熔于硅液，它的固态微粒会破坏单晶生长。只要挑选干净，碳头料还是好用的，只是要注意单晶中的碳含量是否超标。

集成电路生产线中会产生一些废硅片（陪片、碎片、不合格片等），如图 5-9 所示，光伏电池生产线中也会产生一些废硅片。因为目前多晶原料非常紧缺，于是回收这些硅片也是解决原料的办法之一。只是硅片在制作器件中经过扩散、沉积、蚀刻、焊接等工序带入了很多金属杂质，使用前要经过仔细分选、喷砂、腐蚀、清洗等才能用做太阳能原料。

图 5-9  废硅片

### 5.1.2  硅原料的破碎

多晶棒料以及区熔，直拉棒料要进行破碎，破碎后的长短、大小要根据坩埚的高度、直径来区分，装料时，太大的料块容易从手中滑落，砸烂坩埚，一般以不超过 1kg 为宜。太小的料块间隙太多，不易装足量。同一炉料中应大、中、小搭配便于装料。

棒料在破碎前应检查表面质量，发现粘胶、纸屑、笔迹、油污、杂物等应事先去除。大直径的还原多晶料可采取切断的方式，切成一定长度（不超过坩埚高度 3cm 为宜）的圆柱状，可以端正地放进坩埚内，周围用小料块填充，以补足装料量。

破碎料块时，应注意将拐角、空洞、缝隙处砸开，以便清洗时不会藏污纳垢。

## 5.2  石英坩埚

如图 5-10 所示，石英坩埚是用提炼后的石英石（即二氧化硅）制作的，直径≥250mm 的坩埚，目前均采用电弧法生产，≤200mm 直径的还维持原来的气炼法生产。电弧法生产效率高，成本低，而且可以制作大直径坩埚而备受欢迎。它的工艺特点是从利用电弧产生的高温，使坩埚内表面石英砂开始熔融，然后向外表面扩展逐渐加厚熔融层，所以，内表面是透明、光滑的，而外表面要经过磨削成型，去掉黏附的石英砂，形成磨砂面，所以是不透明的。再经过切断、倒角、检验、清洗、包装就可送往用户了。

图 5-10  石英坩埚

经过提炼的石英砂原料，要做杂质含量分析，GE 通用电气有限公司的石英坩埚分析了 18 种元素，其中 As、B、Ca、Cd、Cr、Cu、Fe、K、Li、Mg、Mn、Na、Ni、P、Sb、Zr 共 16 种的痕量均小于 $1 \times 10^{-6}$（1ppm），Al$<1.5 \times 10^{-5}$（15ppm），Ti$<2 \times 10^{-6}$（2ppm），总元素杂质含量低于 $5 \times 10^{-5}$（50ppm），纯度达到 99.995%，称为高纯石英，能够满足直拉单晶硅生长的要求。唯有铝含量较高，一般在十几个 ppm 左右。

对采购的石英坩埚应进行检查验收：

① 外形尺寸、规格符合要求。例如：$\phi$500mm 热场，托碗口内径为 507mm，坩埚外径最好控制在 503～507mm 之间，大了会将托碗撑开（三瓣托），小了容易晃动。加工两个塑料板套圈，一大一小，检查起来既快捷，又方便。同时又检查了圆度。

② 厚度要均匀，厚度未达到标准者剔出；内表面干净光滑，没有石英砂凸出物，亮点少，凹坑少，无夹杂物，对光检查无气泡、无白点、无裂纹；埚口内圆倒角平滑、没有崩边，外表面磨削平稳没有忽高忽低的波浪纹；也没有易脱落的石英砂。

③ 具有生产批号及合格证，使用中出现异常便于追溯。

石英坩埚是用来盛放硅原料的，在高温下加热硅原料，使其熔化为液体，因此用它盛放硅熔体，同时坩埚又由托碗来支撑、托护，并随托碗一起转动和升降，整个高温过程长达几十小时，因此要求石英坩埚首先要具有一定的强度，在熔料过程中形变小，不漏、不裂，由于熔硅的重力作用，坩埚底部周围有一点变形向外扩张，坩埚的高度也会降低一些，这是正常的，如果变形过大，向外扩张厉害，高度下降较多，甚至底部上凸或者周边向内鼓包都是坩埚强度不够的表现，不能使用，如图 5-11 所示，虚线表示使用前的形状，实线表示使用后的形状。

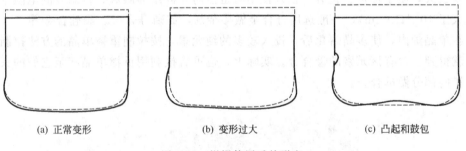

　(a) 正常变形　　　　　　(b) 变形过大　　　　　(c) 凸起和鼓包

图 5-11　坩埚使用后的形变

使用后的坩埚，内壁和熔硅表面交界处会产生一圈凹槽如图 5-12 所示，这是由于熔硅和坩埚发生化学反应的结果，交界处反应剧烈远远大于液体掩盖下的内壁，所以被蚀刻，形成凹槽（由此也可以测量硅熔体在坩埚中的高度）。如果纯度差，这种反应很剧烈，引起液面波动，难以引晶。液面下的坩埚内壁会出现近似圆形或圆形的拼接图案的斑纹，越到底部，这种斑纹越密越大，越清楚，并出现棕色的边界线，边界线外保持着坩埚原来的平滑光亮表面，边界线内由于被蚀刻，已显粗糙失去光亮；坩埚外表面拐弯处及底部有时会出现白色疏松的析晶层。严重时，可以从埚体上剥离下来，这是由于坩埚本身质量差或者表面粘污杂质没有清洗干净造成的。质量好的坩埚很少析晶，保持着使用前的乳白色、坚实状态。当然，已清洗好的坩埚，严禁用手直接接触。

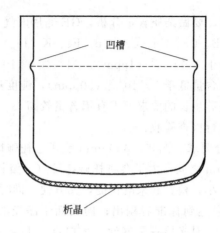

图 5-12  凹槽和析晶

含铝量很高的坩埚，拉制 N 型单晶时，会使单晶表面电阻率偏高形成所谓高阻层，断面均匀性差，尾部电阻率会向上偏移，甚至反型的现象。

石英坩埚的装料量请参考第 3 章表 3-1。

## 5.3  掺杂剂与母合金

拉制低电阻率单晶（小于 $10^{-2}\Omega\cdot cm$），一般选用纯元素作掺杂剂，如重掺锑单晶选用高纯锑做掺杂剂，重掺硼单晶选用高纯硼（或三氧化二硼）做掺杂剂，纯元素的粒度不要太大，便于称量、包装，投入使用时也能防止硅熔体溅起；拉制较高电阻率的单晶（大于 $10^{-1}\Omega\cdot cm$），一般选用母合金做掺杂剂，如磷硅合金、硼硅合金等。

在单晶炉内，使多晶熔化后，投入较多的纯元素，按拉制重掺单晶的方法拉制成单晶，就得到了含有该元素的母合金。实际上，也可直接利用重掺单晶甚至它们的头尾及有位错的部分做母合金。

图 5-13  母合金

将制得的母合金晶体切成 0.5～1.0mm 的薄片，清洗干净后，测其电阻率，并按不同电阻率标识分档，保存备用。切成薄片是为了使用时容易碎成小块，称重时方便微量调节，如图 5-13 所示。作为掺杂剂使用的元素，纯度要求 5～6 个 "9"。

一些特殊元素的母合金也可采取粉末冶金的方法制取。

## 5.4 其他材料

下面将籽晶、钼丝、氩气作为其他材料一并介绍。籽晶是生长单晶硅的种子，目前用得最多的有 [111] 和 [100] 晶向，偶尔用到 [110] 晶向。用 [111] 晶向籽晶生长的单晶仍然是 [111] 晶向，它具有三条对称的棱线，互成120°角分布；用 [100] 晶向的籽晶，生长的单晶仍然是 [100] 晶向，它具有四条互成90°角分布的对称棱线。这是指正晶向的情况。如果籽晶的晶向偏高度较大，或者安装固定籽晶时发生了较大偏离，生长出来的单晶，对称性就差一些，相邻棱线之间的夹角有宽有窄，不但影响成晶率，均匀性变差，晶向偏离大，切片也受影响。

籽晶可以利用单晶硅定向切割而成，一般规格为 8mm×8mm×100mm，装料量较大时可选用加强型籽晶，10mm×10mm×120mm 或更长大些。切割下来的籽晶除去黏胶，剔出边角料，再次定向，选出偏离度＜0.5°的备用。

籽晶在使用中，总是要和熔硅接触的，有一部分要融入硅熔体，这就意味着籽晶中的杂质熔进了硅液中，因此切割籽晶用的单晶电阻率最好高一些，这样的新籽晶实用性强，无论拉制低阻单晶，还是高阻单晶，N 型的，还是 P 型的，都可以用。但是如果已经拉制过单晶的旧籽晶就不能随便使用了，例如，重掺单晶的籽晶就不能回头再拉制轻掺单晶了。拉制过不同型号的旧籽晶也不要混用。

为了防止混淆型号和晶向，可在籽晶的方头端面上作好标识，如：

▢ 代表 N 型 [111]　　　▨ 代表 N 型 [100]

⊟ 代表 P 型 [111]　　　⊞ 代表 P 型 [100]

重掺籽晶最好另加标识，严防误用。

籽晶在使用前，应按照籽晶在夹头上的固定方式在籽晶上切出小口，或者开出小槽，以便用钼丝捆绑，或用销钉将籽晶固定在夹头上，最后进行腐蚀、清洗、烘干，装入盒内待用，如图 5-14。

钼是一种熔点很高（2600℃）的贵重金属，钼丝在直拉炉上有两个用处，一是捆绑籽晶；二是捆绑石墨毡，大多使用直径为 0.3～0.5mm 的钼丝；钼丝具有一定的强度和韧性；那种脆性大、容易断裂的钼丝质量差，不能使用。钼丝的外表有一层黑灰色的附着物，可用纱布蘸 NaOH 熔液擦去，用清水洗净，最后用纯水冲净，自然晾干使用。至于钼棒可以用做重锤上的籽晶夹头，钼片可以用做热屏，保温材料等。

氩气在直拉单晶硅工艺中，具有重要的作用，一方面，它作为一种保护气氛包围在晶体和液面周围，并不断带走硅溶液中的挥发物，以及高温下其他部位的挥发物，由机械泵排出，保护了单晶的正常生长；另一方面，它由上而下形成均匀的层流从晶体表面掠过，带走结晶潜热，也有利于单晶生长。

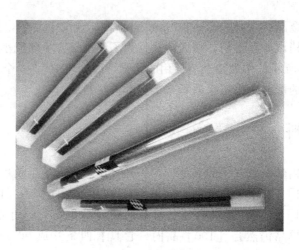

图 5-14  待用的籽晶

目前，使用瓶装氩气拉晶的已经很少了，因为瓶装氩气纯度低，产气少，要经常更换空瓶，前去充灌时，钢瓶运输量很大，而且要增加净化器等，成本较高。使用液态氩供气尽管一次性投资大，但是积累成本低，使用方便，$1m^3$ 的液氩可气化为 $780m^3$ 的氩气，$1m^3$ 液态氩重约 1.4t。一台 $5m^3$ 的液氩储罐。上不同型号的蒸发器，每小时产气可从几十立方米到百立方米，适合大规模生产。高纯氩气纯度，一般为 5 个"9"，氧含量 $<2×10^{-6}$ （2ppm），碳含量 $<2×10^{-6}$ （2ppm），$H_2O<3×10^{-6}$ （3ppm），不用净化可直接使用。输送管道内压力一般为 $0.4\sim0.6MPa$，即可保证稳定供气，但是在送入单晶炉前最好串接一个煤气减压表，便于控制进入炉内的压力及流量。氩气输送方框图如图 5-15 所示。

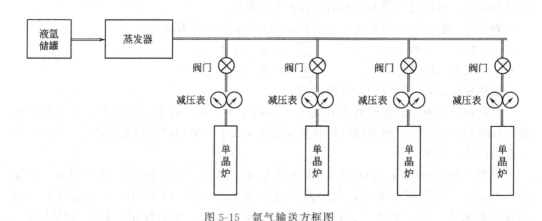

图 5-15  氩气输送方框图

从储罐到单晶炉的整个管道及阀门、表头等不得有漏气，管道为无缝不锈钢管，焊接可靠。

# 5.5  原辅材料的腐蚀和清洗

硅料、石英坩埚、籽晶以及母合金等在使用前，都要进行腐蚀清洗烘干等工作。免洗多晶料、免洗坩埚可以直接使用，不用再处理。

　　还原多晶料的纯度一般在九个"9"以上，就是区熔头尾料或者直拉头尾料，其纯度也是相当高的，目前太阳能电池也要求多晶料纯度在六个"9"以上。事实上，由于生产、加工、运输、环境、器具以及人为因素等都带来污染，如油迹、汗迹、头发、笔迹、粘胶、手印、唾沫、水蒸气、空气中的各种尘埃以及工艺过程中器具带来的玷污等，所以都必须在装炉以前，进行必要的腐蚀和清洗工作。

　　硅原料上的油迹可用有机溶剂，如清洗剂浸泡去除，用水冲干净后再进行腐蚀，过程如下。

　　将破碎好的硅料装入氟塑料篮内，再放入配制好的腐蚀液中，注意不能放得太多，硅料不能露出液面，当开始冒黄烟时，用氟塑料棒进行翻动，当腐蚀液中冒出大量黄烟时（$NO_2$ 气体），证明反应最激烈，稍等 1~2min，迅速从腐蚀液中提出，立即放入高纯水桶中，浸入水下，并在水中晃动，清除残留酸液，然后提出来，用高纯水冲洗几次，装入不锈钢盘内（盘内垫有四氟塑料薄膜，盘底有很多小孔利于排水），放入超声波清洗槽内，并让高纯水缓缓流过硅料，进行超声振动清洗，30min 后，用 pH 试纸检查成中性，说明酸液已去除干净，即可送入红外烘箱中进行干燥，不宜停留在水中。

　　腐蚀好的硅料，表面乌亮，没有灰蒙蒙的痕迹，即氧化现象，也没有水迹斑痕等。发现个别氧化硅料，应剔出重新腐蚀。

　　在腐蚀大量硅料时，提出料篮时间较长，容易氧化，这时可加入足量硝酸，减缓反应速度，也降低了腐蚀液的温度，大量黄烟会立刻消散，这时再提出料篮放入纯水中，不会氧化。烘干后的硅料，应按大小搭配进行称量，装入清洗干净的塑料袋中备用。

　　石英坩埚可先用毛刷及洗洁精清洗内外表面的附着物及尘埃后，再腐蚀，为了方便和节约成本，可用腐蚀硅料后的腐蚀液浸泡坩埚，不断滚动，2~3min 后，即可用纯水冲洗干净送入烘箱烘干，再用塑料袋封装备用。

　　高纯元素掺杂剂可采用小量封装型，用后盖紧瓶盖，如果因长时间不用，表面氧化，可用 HF∶$HNO_3$＝1∶7~1∶10 进行腐蚀，也可用浓盐酸浸泡腐蚀约 20~30min。母合金的腐蚀方法同硅原料，因为数量少，可用小器皿腐蚀，在冒出大量黄烟时，冲入高纯水，洗净残酸液，烘干备用。掺杂剂的腐蚀，清洗过程要严加控制，不能让掺杂剂的碎块、微粒进入烘盘、坩埚以及有关器皿中。若有不慎，混入硅料中就会造成意外掺杂，引起电阻率混乱，甚至反型。

## 5.6　腐蚀原理及安全防护

　　多晶硅和单晶硅都是硅物质的结晶形态，多晶硅是由许多不同晶向的小单晶粒杂乱聚集而成的，而单晶硅中的原子都按一定规则统一排列的。硅的固态密度为 2.33g/cm³。液态时为 2.5g/cm³。由液态变为固态时，体积稍有增加，拉晶完毕，坩埚内剩余的液态硅结晶后，体积会膨胀，有时会胀裂坩埚。硅的质地坚硬，碰撞时易碎裂，碎块棱角锐利，小心伤手。硅的熔点为 1420℃，沸点为 2355℃。

　　硅的化学性质稳定，几乎不溶于所有的酸。但它能溶于硝酸和氢氟酸的混合溶液中，化学反应时，硝酸起氧化作用，纵向深入硅内，氢氟酸起络合作用，横向剥离氧化层，氧化-剥离反复进行就将硅料腐蚀了。化学反应式如下：

$$Si + HNO_3 \xrightarrow{HF} SiO_2 + 4NO_2 \uparrow (\text{黄棕色}) + 2H_2O$$

$$SiO_2 + 6HF \Longrightarrow H_2[SiF_6] + 2H_2O$$

也即：$Si + 4HNO_3 + 6HF \Longrightarrow H_2[SiF_6] + 4NO_2 \uparrow + 4H_2O$

硅料腐蚀液就是硝酸、氢氟酸的混合液，按体积配比如下：

HF：$HNO_3 = 1:3 \sim 1:5$　　　　反应较快，适合冬、春使用。

HF：$HNO_3 = 1:6 \sim 1:8$　　　　反应较慢，适合夏、秋使用。

具体操作应根据室温及操作工艺，灵活应用体积比。籽晶、母合金的腐蚀原理同上。

石英坩埚由 $SiO_2$ 组成，它和 HF 起化学反应，作用原理如下：

$$SiO_2 + 4HF \Longrightarrow SiF_4 \uparrow + 2H_2O$$

$$SiF_4 + 2HF \Longrightarrow H_2[SiF_6]$$

生产上采用 HF：$HNO_3 = 1:10$ 的体积比腐蚀石英坩埚，加入硝酸的目的是为了减缓反应速度，腐蚀时间 $2 \sim 3min$，切不可太长。

硅在常温下能和碱起作用，生成硅酸盐，放出氢气，所以可用 $10\% \sim 30\%$ 的氢氧化钠溶液腐蚀硅料、籽晶以及母合金，时间约 10min，原理如下：

$$Si + 2NaOH + 4H_2O \Longrightarrow NaSiO_3 + 2H_2 \uparrow$$

高纯元素例如锑、硼、磷和 HF、$H_2NO_3$、HCl 的化学反应原理与硅相似。无论用酸腐蚀或用碱腐蚀，酸和碱的纯度要高，一般采用二级或三级试剂，如表 5-2 所示。

表 5-2　化学试剂级别表

| 级　别 | 代　号 | 标签颜色 | 用　途 |
|---|---|---|---|
| 一级品 | GR | 绿色 | 精密分析和高级研究 |
| 二级品 | AR | 红色 | 定性、定量化学分析 |
| 三级品 | CR | 蓝色 | 一般定性定量化学分析 |
| 四级品 | LR | 黄色 | 一般化合物制备和试验 |

此外，苯、丙酮等有机溶剂的蒸汽对人身体有毒害，盐酸、硝酸、王水、氢氟酸对人体有很强的腐蚀性和毒性，这些酸液溅在皮肤上可引起严重烧伤。尤其是氢氟酸，烧伤的伤口难以痊愈，因此使用这些化学药品时要特别小心，必须戴上橡皮手套和口罩，在通风橱内的塑料容器中进行。盐酸、硝酸、王水的蒸汽以及它们在反应中的产物如 HCl、$SO_3$、$SO_2$、$NO_2$、$N_2O_5$、$Cl_2$、HF 等气体，对人的眼、鼻、喉都有强烈的刺激作用和不同毒性。氢氟酸对骨骼造血、神经系统、牙、皮肤等都有毒害。皮肤上溅上盐酸、硝酸后，应立即用大量自来水冲洗，再用 $5\%$ 的碳酸氢钠溶液冲洗。皮肤若被氢氟酸烧伤，应立刻用大量自来水冲洗，再用 $5\%$ 碳酸氢钠溶液洗，最后用二份甘油和一份氧化镁制成的糊状物敷上，或用冰冷的饱和硫酸镁溶液洗，严重的应送到医院治疗。

总之，在进行腐蚀时要特别小心，做到安全操作，严防发生事故。

# 5.7　自动硅料清洗机简介

自动硅料清洗机代替了繁重的体力劳动，清洗作业员将装满硅料的清洗篮放置在进料台上，清洗篮根据设定的程序，自动依次送到各工位，对硅料进行清洗、干燥，再由链条传输到出料工位上，由作业员将清洗篮取出。该装置是一个全自动的处理设备，大型触摸屏显示，清洗工作全过程由 PLC 控制。

### 5.7.1　设备组成

该设备主要由上料台、清洗部分、移载机械手、烘干部分、抽风系统及电控部分组成，如图 5-16 所示。

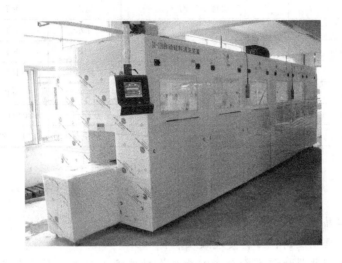

图 5-16　自动硅料清洗机

图 5-17　清洗机内部结构

### 5.7.2　设备基本动作分析

待腐蚀的硅料装篮后放于上料台上→通过链条传送，到达上料位置等待机械手抓取→经过机械手传输到各清洗槽进行腐蚀、清洗→经干燥槽烘干→将已经处理好的硅料人工转移，如图 5-17 所示。过程如表 5-3 所示。

**表 5-3　自动硅料清洗机工序**

| 序号 | 工序名称 | 处 理 方 式 | 介质 | 温度 | 加热功率 |
|------|----------|-------------|------|------|----------|
| 1 | 超声波皂液清洗 | 超声波 1000W，40Hz 鼓泡 | 纯水＋皂液 | 70℃ | 9kW |
| 2 | 纯水漂洗 | | 纯水 | RT | |
| 3 | 碱液鼓泡清洗 1 | 鼓泡 | NaOH＋纯水 | 70℃ | 9kW |
| 4 | 碱液鼓泡清洗 2 | 鼓泡 | NaOH＋纯水 | 70℃ | 9kW |
| 5 | 纯水漂洗 | 快排＋鼓泡 | 纯水 | RT | |
| 6 | 纯水漂洗 | 快排＋鼓泡 | 纯水 | RT | |
| 7 | HF 酸液清洗 | 浸洗＋鼓泡 | HF | RT | |
| 8 | 纯水清洗 | 浸洗＋鼓泡 | 纯水 | RT | |
| 9 | 纯水清洗 | 快排＋鼓泡 | 纯水 | RT | |
| 10 | 热风烘干 1 | 循环风 | 热空气 | 100～120℃ | 12kW |
| 11 | 热风烘干 2 | 循环风 | 热空气 | 100～120℃ | 12kW |

# 习　　题

5-1　直拉单晶硅原料有很多种，请说明它们的不同来源和用途。

5-2　如何处理坩底料？如何处理碳头料？

5-3　对直拉回收料如何进行分类？为什么对重掺级回收料要特别慎重，要单独存放，不得混用？

5-4　为什么要对多晶棒料进行破碎？破碎时有什么具体要求？

5-5　直拉单晶硅对石英坩埚的纯度有什么要求？对外形尺寸、厚度等有什么要求？

5-6　质量不好的坩埚在使用中会发生什么变化？

5-7　如何制备母合金？

5-8　如何制备籽晶？怎样给不同晶向、不同型号的籽晶做标识？

5-9　请画出氩气输送图。直拉单晶硅对氩气有什么质量要求？

5-10　为什么要对原辅材料进行腐蚀？腐蚀过程中为什么不能露出液面？

5-11　腐蚀母合金或者掺杂元素要注意哪些事项？

5-12　氢氟酸和硝酸在腐蚀硅料时各起什么作用？请写出反应方程式。

5-13　氢氟酸和硝酸在腐蚀硅料时一般采用什么比例？不同季节又有什么区别？

5-14　怎样腐蚀石英坩埚？

5-15　怎样注意腐蚀安全？一旦被灼伤应如何处理？

# 第6章 直拉单晶硅生长技术

## 6.1 直拉单晶硅工艺流程

从拆炉、装炉、单晶硅生长完毕到停炉称为拉晶工艺；原辅材料的腐蚀、清洗等称
为备料工艺。拉晶工艺包括拆炉、装炉、抽空、熔料、引晶、放肩、转肩、等径生长、
收尾、降温及停炉，如图6-1所示。煅烧是为了清洁热系统，特别是高温煅烧的新的石
墨件或热系统是保证单晶硅正常生长必不可少的步骤，煅烧也属于拉晶工艺的一部分。

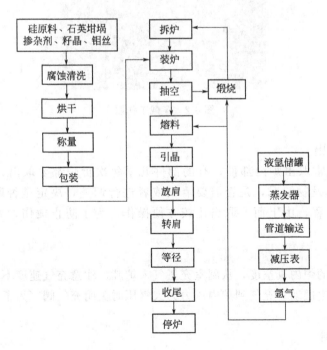

图 6-1 直拉单晶硅工艺流程图

## 6.2　拆炉及装料

拆炉的目的是为了取出晶体，清除炉膛内的挥发物，清除电极及加热器、保温罩等石墨件上的附着物、石英碎片、石墨颗粒、石墨毡尘埃等杂物。拆炉过程中要注意不得带入新的杂物。

进入工作室必须穿戴好工作服、工作帽，如图 6-2 所示。拆炉前戴好口罩，准备好拆炉用品，如无尘布、无水乙醇、砂纸、扳手、高温防护手套、除尘吸头、台车等。拆炉前必须查看炉内真空度，同时了解上一炉的设备运转情况，然后按以下步骤进行操作。

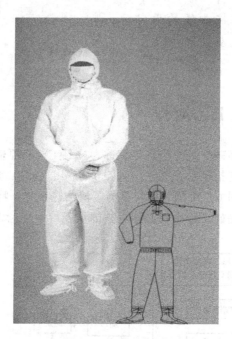

图 6-2　穿戴工作服

### 6.2.1　内件取出

拆炉时会经常取出炉内部件，有的部件几乎每次拆炉都要取出，有的根据开炉次数或内件的挥发物情况，是否需要清扫或者进行调整，决定是否取出。取出顺序一般按照拆装过程、由上而下取出比较方便操作。为了防止烫伤，要戴好高温防护手套。

（1）充气

记下拆炉前的炉内真空度，从副室充氩气入炉膛，注意充气速度不能过快，防止气流冲击晶体，产生摆动。充气到炉内压力为大气压时关闭充气阀（为了节约氩气，也可以充入空气）。

（2）取出晶体

如图 6-3，升起副室（含炉盖）到上限位置后，缓慢旋转至炉体右侧，降下晶体，将晶体小心降入运送车内，并加装绑链，然后用钳子在缩颈的最细部位将籽晶剪断，晶体就取下来了。因为晶体较烫，可将运送车放至安全处（小心烫伤），晶体冷却后再送去检测；也可以将晶体放置于"V"形槽的木架上让其自然冷却，切记不能放在铁板或水泥地面上，否则会由于局部接触面传热太快产生热应力，造成后面切片加工过程中出现裂纹和碎片。

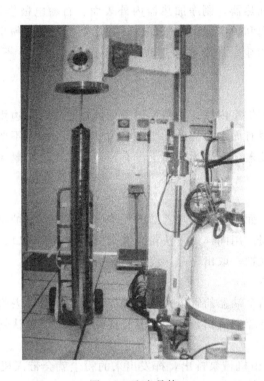

图 6-3　取出晶体

（3）取出热屏（即导流筒）

注意观察炉内挥发物的厚薄、颜色、分布，是否有打火迹象或其他异常现象。

升起主室到上限位后，旋至炉体左侧，注意不要碰到炉内石墨件，如加热器等。戴好耐高温手套，按顺序取出热屏、保温盖、热屏支撑环，置于不锈钢台车上。

（4）取出石英坩埚和埚底料

用钳子夹住石英坩埚上沿提起取出，装入石英收集箱内，将余下的石英坩埚碎片取出，也装入该箱内。将埚底料取出放入底料收集箱中，并标明炉次。

（5）取出石墨托碗及托杆

从上而下按顺序一件一件地取出石墨托碗（上、下体）及托杆，置于台车上。

（6）取出保温系统及加热系统

戴上帆布手套，将保温系统从上而下一件一件地取出置于台车上，顺序取出加热器、石墨电极、石英护套、炉底护盘、坩埚轴护套等置于台车上。

## 6.2.2　清扫

清扫的目的是将拉晶或煅烧过程中产生的挥发物和粉尘用打磨、擦拭或吸除等方法清扫干净。清扫过程中注意不要引起尘埃飞扬，不然会污染工作现场，同时有害身体健康，违背文明生产的原则。

（1）清扫内件

将台车推入吸尘房内，将石英收集箱及底料收集箱放在指定地点。再用砂纸、无尘布清擦所有取出的内件上的挥发物，并用吸尘器吸去浮尘、碳毡屑、石英等杂物颗粒；小心清扫、避免损坏加热器，刷净加热器内外表面、石墨电极表面、托杆、下保温板、保温筒以及电极保护套和炉底保温板等部件，并用吸尘器吸去粉尘。同时，可用压缩空气吹出一些窄缝中的粉尘。注意刷净过程中，不得碰坏部件，不要让粉尘进入下轴空隙中。

（2）清扫主炉室

一边用砂纸打磨主炉室内壁、炉盖上厚重处的挥发物，一边用吸尘器吸去尘埃，防止飞扬扩散，然后用浸有无水乙醇的无尘布将内壁擦拭干净，不要漏擦观察孔等狭窄的地方。换上纸巾再擦几遍，直到无尘布上没有污迹。用无尘布蘸无水乙醇擦净炉底金属面及密封面。

（3）清扫副炉室

准备好清扫杆，上面缠上浸无水乙醇的无尘布，擦净副室炉壁；同时检查钢丝绳和连接部位是否完好无损。用同样的方法将副室下面的炉盖、喉口、隔离阀以及窥视孔玻璃等清擦干净。降下软轴，取出籽晶，将籽晶夹头擦拭干净。

（4）清扫排气管道

拆开排气管道上四个端盖的管束并取下端盖，用吸尘管吸去管内粉尘，同时用专用工具将炉底排气口进行疏通清扫，将粉尘驱赶到吸尘管处。确认管道畅通后，将端盖擦净安装回原位。

由于大量的 Ar 气由机械泵排出，挥发出来的粉尘就会带入机械泵，直接影响机械泵的使用寿命，因此有的设备在机械泵的前面加了一级"除尘器"，除尘器内的密集丝网会将大部分粉尘阻挡下来，因此每拉几炉单晶，就要将除尘器的内壁、丝网上的粉尘吸除干净，否则影响抽空和排气，甚至在拉晶中发生断棱变晶等现象，除尘器清扫干净后恢复原状。

### 6.2.3　组装

组装加热系统和保温系统是和取出的顺序相反，后取的先装，先取的后装，是从下而上，按取出的相反顺序逐件完成的，如果中途发现漏装或错装，必须拆除重来，既误时间又耗精力，所以要求按先后顺序有条不紊地存放在台车上。精力要集中，操作要熟练。在组装过程中，要一边安装一边检查，认真仔细，一丝不苟。主要检查内容如下。

（1）炉底部件

调整下保温筒、下保温毡、炉底护盘、炉底碳毡的位置，要求位置准确，对中度好，防止加热时发生打火、拉弧现象。

（2）托杆、加热器部件

检查石墨托杆的稳固程度，加热器固定螺栓是否松动，确认正常后，将石墨托碗清理干净放回托底上。注意托碗上、下体的配合要对正、对中。降下轴让托碗口与加热器平口等高，并转动托碗，观察与加热器的对中情况，如果对中不良，应找出原因，是托碗摆动引起，还是加热器变形引起。对症下药予以调整，同时记下平口位置。另外，最低极限止损位若有变动，应重新测定，记录清楚。

（3）保温系统

检查保温筒和加热器是否对中，若偏离较大，应调整保温筒的位置，使它与加热器之间的间隙四周一致，注意调整不要影响到测温孔的位置，否则测温不准影响拉晶。清擦保温盖后，放入炉内，转动并升起托碗与保温盖平，调整保温盖位置与托碗对中。一旦保温筒对中良好，不必每次拆炉都要取出，小心保持不要移动，这样不必每次调整，只检查一下就行了，然后将主炉室回到原位。

### 6.2.4 装炉

组装完毕检查无误后就可以装炉了。装炉是指装入石英坩埚等所有拉晶必需的原辅材料，为拉制单晶做好准备。原辅材料都是经过严格清洗烘干的，所以要戴上无尘纯净手套，始终注意不能让手、衣物等直接接触。

（1）装入石英坩埚

将石英坩埚开封，戴上无尘纯净手套，例行检查石英坩埚质量，无伤痕、裂纹、气泡、黑点以及石英碎粒等为合格，放入托碗内，要求比石墨托碗高出 10mm 左右，安放平正、对中、不偏、不斜、稳定可靠。转动坩埚并升至合适位置以便装入硅料，如图 6-4 所示。

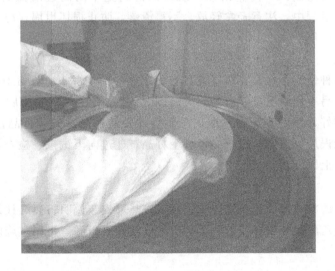

图 6-4　装入石英坩埚

（2）装入掺杂剂

掺杂剂轻细，在打开包装时不能散落，一粒不少地全部放入坩埚中，否则会影响单晶电阻率的准确性。放入前应和生产指令单核对无误，如图 6-5 所示。

（3）装入硅料

接着开始装入硅料，硅料重而坚硬，往往要装数十近百千克，需要戴上厚型无尘纯净手套，装料中途不得破裂（若有破裂必须更换），不得让手指等直接接触硅料；口罩、帽子必不可少，防止唾沫、头屑、头发等进入坩埚内。硅料放在坩埚内要稳定，不滚动、大小搭配，互相之间既不过紧，又不松散，各得其所。注意：一边装料一边检查硅料中

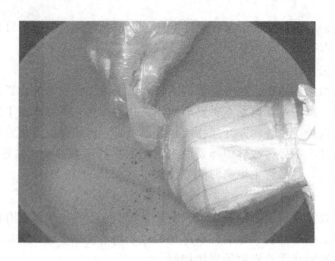

图 6-5　装入掺杂剂

是否有夹杂异物，表面是否氧化，有无水迹等。装入大半以后，上面的硅料注意不得紧贴埚壁，最好点接触，留有小间隙，避免熔化时发生挂边。容易倾斜滑动的硅料，要让四周邻近的硅料棱角制约，防止滑动，装好的硅料呈中间高边沿低的形状，如"山"形，在整个装料过程中，注意轻拿轻放，不得滑落，防止损坏坩埚。硅料装完后，用吸尘管口吸去硅料碎屑。

（4）装籽晶

装籽晶有两种情况，在没有热屏或只有固定热屏的情况下（图 3-10），可以在合炉后马上装籽晶，另一种情况是，有的热屏（图 3-1）需要在熔料完毕后，通过籽晶轴将热屏吊下去安装好，然后升至副室取出吊钩后才安装籽晶。安装籽晶比较简单，将型号、晶向核对无误后，把重锤擦干净，绑上籽晶，通过向下试拉，检查是否牢固，然后装入副室钢丝绳上即可。

### 6.2.5　合炉

降下坩埚至熔料位置，盖上热屏支撑环，按热屏安装说明将热屏挂好。

用无尘布浸乙醇擦净闭合处上、下炉室的法兰和密封圈，将副室旋向正位，平稳下降放在主室上。

### 6.2.6　清场

整理清扫装料现场，清洁炉体和地面卫生，所有用具物归原处。

## 6.3　抽空及熔料

直拉单晶硅是在减压状态下进行单晶生长的，所谓减压就是将 Ar 气从副室上端引入炉内，同时用机械泵从主室下部排出，炉内压力保持在 1.33～2.66kPa 左右。

合炉完毕，就可以进行抽空了，开启主室机械泵电源，该泵抽气口上的电磁阀会自动打开，给管道抽空，然后非常缓慢地（不产生过大的气流进入机械泵）打开炉体后面的抽空管道上的真空阀，对炉室进行抽空，真空压力传感器可以监测真空度，一般在

20～30min 内真空度可达 5Pa 以下（如果不符合拉晶标准，应进行真空检漏工作）。

这时充入 Ar 气，Ar 气压力应在 0.2～0.4MPa 之间，为了不使气流对流量计冲击过大而造成零点漂移，在打开 Ar 气阀门时，要控制流量由小到大，逐步接近工艺规定值，一般在 50～100L/min。然后打开冷却水，水压一般控制在 0.2～0.3MPa 左右，取一个定值保持不变。

加热前，应检查电气柜上的各控制旋钮，将其回到零位。打开计算机电源检查拉晶工艺参数是否正确，然后送上加热电压；不一会，加热电流表、加热电压表的指针会上升显示当前的加热状态，第一次升至 20V 左右，5min 后升至 40V 左右，这时可转动坩埚，观察炉内情况，使硅料基本红透后再次确认"未见异常"，即可加热到熔化功率，不同大小的热场和装料量，其熔化功率和熔料时间是不同的，一般为几十到一百多千瓦，加热电压在 45～60V 左右，电流约 1500～2500A 左右。熔化过程中，要勤观察，发现"挂边"、"搭桥"、"硅跳"、"过流报警"、"超温报警"等现象时要及时处理。

不要超温熔料，它会使坩埚和硅液发生剧烈反应，坩埚变形厉害，甚至"硅跳"，同时炉壁、炉底过分受热，容易变形，硅蒸气大量聚集容易拉弧打火，造成过流而发生事故。此外，会增加硅熔液中的含氧量及其他杂质，影响单晶质量。

升至高温以后，坩埚底部附近最高温处的硅料开始熔化，能看到硅料慢慢往下垮

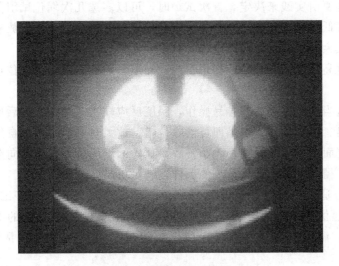

图 6-6　剩一小块未熔化

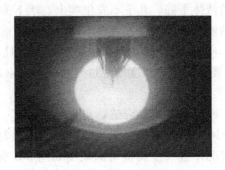

图 6-7　硅料已熔化完

塌，熔液不断淹没硅料，固态硅越来越少，如图 6-6，当剩一小块硅料未熔化时，即可将功率降到引晶功率。将坩转调至 8r/min，并将坩埚升至引晶位置，熔化完后，液面干净，没有浮渣、氧化皮等现象出现；坩壁光亮，没有硅料溅起附在壁上，液面平静，炉膛内没有烟雾缭绕的迹象，说明是正常的如图 6-7。

# 6.4　引晶及放肩

将生长控制器从手动状态切入自动状态，再次核对引晶坩位是否正确，接着就可以进行引晶了。

调上轴转速到 12r/min，下轴转速 8r/min（晶转、坩转根据工艺具体要求而定），降籽晶到液面上方 20mm 左右，预热 2min，再降籽晶与熔硅接触，使光圈包围籽晶后，稍降温度，即开始引晶，先慢后快，缩颈速度有时可达 6～8mm/min，逐步缩细，获得圆滑、细长的等径细颈，同时判断是否单晶，是否已经消除位错。

对于首次选取坩埚位置以及判断引晶温度会有一定难度，这里介绍一些有关经验供参考。实际上选取引晶坩位就是选取液面的位置，一般来讲，液面应在加热器发热区上端平口往下 50～70mm。对于不同的热场、拉制不同的品种、装料量的不同，其坩位都会有些变化，这要由实践来决定，首次试炉时，可以多选几次坩位试引晶。

坩埚位置过低，引晶拉速不易提上去，容易缩细，也容易缩断。放肩时，要么不易长大，要么一长大就很快，温度反应慢，热惰性大。

坩埚位置过高，引晶时，拉速提得很高，却不易缩细，不易排除位错，放大不久易断棱。

坩埚位置适当，引晶放肩都容易操作，温度反应较快，缩颈一段后单晶棱线即清清楚楚，向外突出。再继续往下引晶即可消除位错，放大时不快不慢，自然生长，棱线对称完好无缺，宽面则平滑、光亮、大小一致。这样的坩埚位置符合纵向温度梯度足够大（但不能过大）、径向温度梯度尽量小的条件，满足单晶硅生长的要求。

如何判定合适的引晶温度？当选好坩位、调准坩埚转速后，仔细观察液面和坩埚壁接触处的起伏观象，它是由于硅熔体和石英坩埚起反应生成的 $SiO_2$ 气体逸出液面而产生的，温度越高，反应越激烈，起伏越厉害，从而可以帮助判断温度的高低。

① 温度过高：埚边的液体频繁地爬上埚壁后又急忙掉下，起伏厉害。

② 温度过低：埚边的液体平静，几乎不发生爬上、落下的现象。

③ 温度合适：埚边的液体慢慢爬上，当爬不动时又缓缓落下。

当出现第一种现象时，则逐渐降温；当出现第二种现象时，则逐渐升温。无论升温还是降温，都要求幅度不要过大，等温度反应过来后，再观察起伏情况，确定下一步的调整。

出现第三种情况时，说明温度基本合适，可以试引晶了，快速降籽晶到液面上方 10～15mm 处，稍候几分钟，若无异常现象，即可降籽晶接触液面进行熔接，观察液面和籽晶接触后的光圈情况，进一步调整引晶温度如图 6-8 所示。下面以方籽晶说明这个问题。

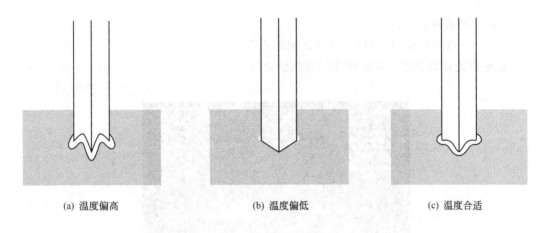

(a) 温度偏高      (b) 温度偏低      (c) 温度合适

图 6-8 引晶温度的判别

① 温度偏高时：籽晶一接触液面，马上出现光圈，很亮、很黑、很刺眼，籽晶棱边出尖角，光圈发生抖动，甚至熔断，无法提高拉速缩颈。

② 温度偏低时：接触后，不出现光圈，籽晶未被熔接，反而出现结晶向外长大的现象。

③ 温度合适时：接触液面后，慢慢出现光圈，但无尖角，光圈柔和圆润，既不会长大，也不会缩小而熔断，如图 6-9。

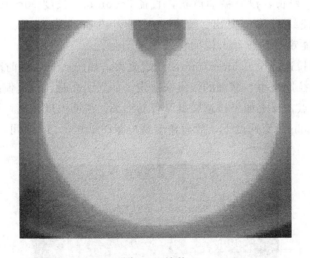

图 6-9 熔接

熔接好以后，稍降温就可以开始进行缩颈了，如图 6-10，缩颈的目的是为了消除位错，位错的滑移面为 ⟨111⟩，滑移方向为 ⟨110⟩，攀移面垂直于滑移面，在缩颈过程中，位错一边攀移，一边延伸到籽晶表面而终止，从而获得无位错晶核。缩颈长度可接下式计算。

$$L = D\tan\theta = D\tan19°28' \approx 10D$$

式中 $L$——缩颈长度；

$D$——缩颈直径；

$\theta$——棱位错线与 [111] 晶向之间的夹角。

这是理论计算长度，实际操作时要酌情处理。

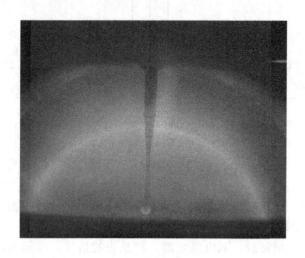

图 6-10　缩颈

如何判断引晶缩颈的质量呢？

① 细颈均匀、修长，没有糖葫芦状，直径 3～5mm，长度 70～100mm。

② 细颈上的棱线对称、突出、坚挺、连续，没有时隐时现、一大一小的现象。〈111〉晶向有时还能观察到苞丝，说明位错已经消除。

引晶完毕，将拉速降至 0.5mm/min，开始放大，如图 6-11，同时降些功率，降幅的大小可由缩颈时的拉速大小、缩细的快慢来决定。如果引晶时，拉速偏高且不易缩细，说明温度低可少降一点，反之如果拉速较低又容易缩细，说明温度较高，可多降一点，目的是为了在 0.5mm/min 放肩速度下，放肩角容易控制在 140°～160°之间，称为放平肩。

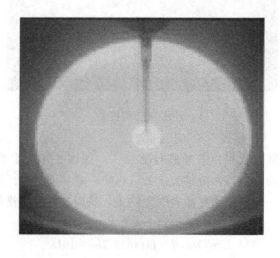

图 6-11　开始放肩

放肩开始，会发现籽晶周围的光圈，首先在前方出现开口，并往两边退缩，随着直径的增大，光圈退缩到直径两边，并向后方靠去，如图6-12所示。

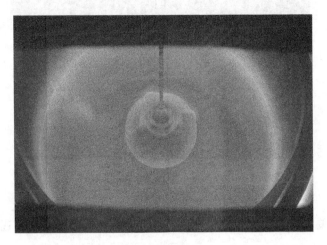

图 6-12　继续放肩

放肩过程中，发现过快时，可适当提高拉速，升一点温；反之，则降一点温，降点拉速，使温度反应过来后，适当调整放肩速度，保持圆滑光亮的放肩表面。

如何判断放肩质量呢？可以观察放肩时的现象来判断。

放肩好时：

① 棱线对称、清楚、挺拔、连续；

② 出现的平面对称平坦、光亮，没有切痕；

③ 放肩角合适，表面平滑、圆润，没有切痕。

放肩差时：

① 棱线不挺、断断续续，有切痕，说明有位错产生；

② 平面的平坦度差，不够光亮，时有切痕，说明有位错产生；

③ 放肩角太大，超过了180°。

放肩直径要及时测量，以免误时来不及转肩而使晶体直径偏大。

## 6.5　转肩及等径

在平放肩的过程中，由于放大速度很快，必须及时监测直径的大小，当直径约差10mm接近目标值时，即可提高拉速到3～4mm/min，进入转肩，这时会看到原来位于肩部后方的光圈较快地向前方包围，最后闭合，如图6-13所示。为了转肩后晶体不会缩小，可以预先降点温，等放肩完，温度差不多反应过来，就不会缩小了。光圈由开到闭合的过程就是转肩过程，在这个过程中，晶体仍然在长大，只是速度越来越慢了，最后不再长大，转肩就完成了。如果这个转肩速度控制量恰到好处，就可以让转肩后的直径正好符合要求，这时，降下拉速到设定拉速，并按比例跟上坩升，投入自动控径状态。

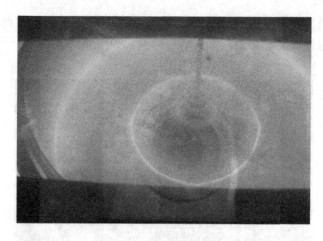

图 6-13　转肩时光圈闭合

如果直径有偏大或偏小的现象，可以通过修改相机读数，使直径逐步逼近目标值如图 6-14。

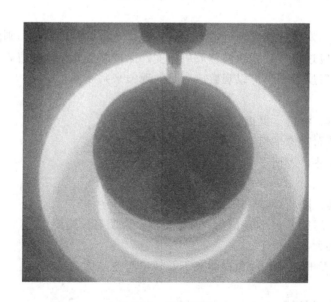

图 6-14　调整直径

直径控制和温度控制都切入自动状态以后，晶体的整个等径生长过程就交给计算机来控制了，同时可以打开记录仪，画出有关曲线。

如果设备运转正常，设定的拉速曲线和温校曲线合理，人机交接时配合得好，晶体的等径生长是可以正常进行到尾部的，如图 6-15 所示。

目前有较多的单晶炉从抽空到转肩都是手动操作的，其实从引晶到转肩最能体现操作者的技术水平（而且比从引晶开始就进入自动控制更节省时间），一只单晶能否完整地按照设定的工艺参数生长到尾部，与这段手动操作的质量有很大的关系，操作者完全学会和掌握了这门技术，无论在半自动或全自动设备上，都能得心应手。

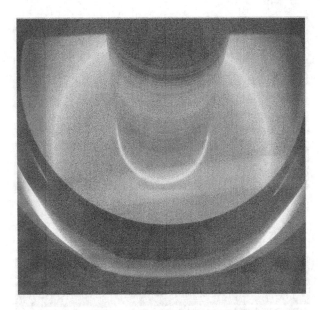

图 6-15 自动控制等径生长

在自动控制等径生长过程中，如果要直接修改某些参数，如拉速、转速、埚跟速度、温度等，可以进入自动模式下的手动干预菜单，点击相应的项目界面进行（＋）/（－）修改，只不过修改幅度不能太大，注意在拉晶正常后去除修改值，就不会影响正常程序。

在等径生长过程中，有时会发生晶体长大出宽面或变方的情况，这时就应及时升温，让拉速降下来。变形厉害时，应切入手动进行人工干预，使直径和拉速符合当前的设定曲线时，再切入自动。这种情况一般是由于转肩前降温过多，或者升温曲线欠妥、跟速不准引起的。如果发现收细，可降温，严重时，切入手动干预。

出现断苞（鼓棱消失）时要及时处理，要根据已经生长的晶体长度及经济效益，综合考虑处理方式，或回熔，或提起取出后拉第二支，或收尖重引晶拉第二支等。

回熔时，适当降低坩埚位置，升温、再降下晶体。注意晶体插入熔体时不得碰着埚底，否则可能会使籽晶折断，造成事故。

# 6.6 收尾及停炉

晶体等径生长到尾部，剩料不多的情况下就要进行收尾工作，如图 6-16。如果不进行收尾，就将晶体提高，离开液面，那么由于热应力的作用，提断处会产生大量的位错，同时位错会沿着滑移面向上攀移。[111]单晶，位错向上的攀移长度约等于单晶的直径。[100]单晶，攀移长度稍短，重掺锑单晶攀移长度更短一些。总之，这种位错攀移使得单晶等径部位"有位错"而被切除，从而降低了单晶的成品率，特别是大直径单晶，其损失是不能忽视的，因此，单晶拉完必须进行收尾，收尾成尖形，让无位错生长维持到结束，这样，尖形脱离液面时，产生的位错，其攀移的长度也不至于进入等径部位，如图 6-17。

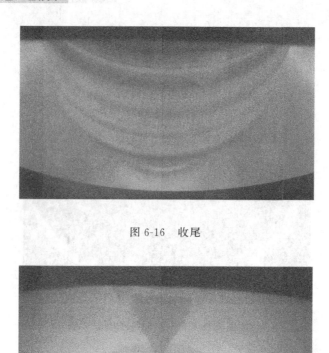

图 6-16　收尾

图 6-17　收尾成尖形

当等径生长接近尾部时，就可以进行收尾工作了，是否正好可以进行收尾呢？一方面可根据晶体长度来判断，另一方面可根据晶体重量来判断，有经验的拉晶人员还可以观察剩料的多少来判断，收尾太早，剩料太多不合算，收尾太晚，容易断苞，位错向上攀移，合格率低，也不合算。收尾工艺也是操作人员的硬功夫，要有耐心，不能图快，否则容易断棱，产生位错，那就得不偿失了。

收尾时，将计算机切入手动，停埚升，提高拉速，同时可以利用温度控制自动升温，两者的共同作用是使晶体收细，并保持液体不结晶。收细的方式有两种，一为快收，一为慢收，各有所长，如图 6-18 所示。

慢收尾容易掌握，不易断棱，时间较长；快收尾容易断棱，难度较大，但时间短。在不断棱的情况下，两种方法均要求收尖，防止位错攀移到等径部位。

收尾完毕，可以将晶体提起约 40mm，然后下降坩埚约 50mm，防止液面和热屏粘接（见图 6-19）。停晶升，停晶转、埚转，降温至电压表为 40V，当结晶完毕后，再降至 30V，10min 后降至 0V，15min 后，关闭氩气，继续抽空至 10Pa 以下时，记下真空度，关闭真空阀，停机械泵电源。再将各电器旋钮回零，关闭计算机及电控柜电源，4个小时以后方可停水（在使用循环水的系统中，如果停水会影响其他单晶炉的水压及水量时，可以不停水）。

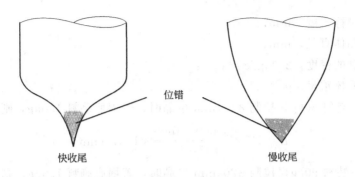

图 6-18　收好尾，位错攀移长度短

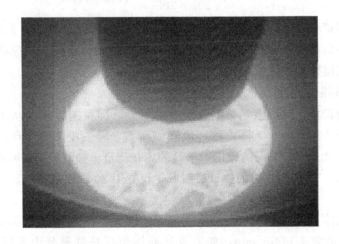

图 6-19　降坩埚、降温停炉

# 6.7　拉速、温校曲线的设定

不同规格、型号的单晶硅，其生长工艺条件是不一样的。相对来说，在拉速方面，轻掺杂的就比重掺杂的快一些，小直径比大直径快一点；在晶转方面，重掺杂就比轻掺杂快一点，有时，还采取变晶转、变坩转的工艺方法来达到一些特殊要求，当然，这只是一般原则，具体到某一个品种又有差别。

因此，这里只是提供长度、拉速、温校曲线的设定思路，并列出两种设定方案，谨供参考。

## 6.7.1　坐标长度的计算

直拉单晶炉的拉速、温校曲线都是以晶体生长的长度为坐标来设定的，投入自动后，它们就会以长度为坐标，自动按设定曲线（拉速、温校、转速等）进行控制。不同装料量、不同直径的单晶，其坐标长度是不同的，所以必须进行计算，公式如下。

$$L = \frac{W}{\frac{1}{4}\pi D^2 \rho} = 547 \times \frac{W}{D^2}$$

式中　L——坐标长度，mm；

　　　D——晶体直径，mm；

　　　$\rho$——硅的密度，2.33g/cm³；

　　　W——晶体重量，g。

【例6-1】　装料60kg，拉制$\phi$154mm单晶时，若埚底剩料1.0kg，则

$$L = 547 \times \frac{60000 - 1000}{154 \times 154} \approx 1361 \ (\text{mm})$$

【例6-2】　装料90kg，拉制$\phi$205mm单晶时，若埚底剩料1.5kg，则

$$L = 547 \times \frac{90000 - 1500}{205 \times 205} \approx 1152 \ (\text{mm})$$

这个长度是把整个晶体重量（包括收尾部分）都按等径计算的，实际上从转肩清零开始计长，晶体的等径实际长度不会超过以上计算的坐标长度，就应该进入收尾程序了，所以用此长度作为拉速、温校的坐标长度足够用了。

### 6.7.2　拉速曲线的设定

拉速曲线的设定，应该满足单晶硅生长的特点，即拉速应该是从头到尾逐渐下降的，是匀速下降，还是变速下降，哪一段降快一点，哪一段降慢一点，或者哪一段不降，全由工艺设计来定，不同的设定对单晶的内在质量，如电阻率、断面电阻率均匀性都有不同的影响。TDR-62B炉的生长控制器，设置了20段控制区域，可供设定拉速曲线选用。

例如，设晶体长度1400mm，晶体直径$\phi$156mm，工艺要求头部拉速为2.0mm/min，尾部拉速定为1.0mm/min，如果设计晶体坐标长度等分为五段，每段280mm长，每段拉速降0.2mm/min，那么五段总计降了1.0mm/min，正好符合工艺的要求。设计数据如表6-1所示，这条匀降速曲线画在坐标图上，就是一条直线，如图6-20中A所示。图中B为一条非匀速下降的拉速曲线，它为一条折线，设计数据如表6-2所示。

表6-1　拉速曲线设计方案（一）

| 分　　段 | L00 | L01 | L02 | L03 | L04 | L05 |
|---|---|---|---|---|---|---|
| 分段长度 | 0 | 280 | 280 | 280 | 280 | 280 |
| 累计长度 | 0 | 280 | 560 | 840 | 1120 | 1400 |
| 设定拉速 | 2.0 | 1.8 | 1.6 | 1.4 | 1.2 | 1.0 |
| 设定降速 SL | 0 | −0.2 | −0.2 | −0.2 | −0.2 | 0 |

从图6-20中可以看出，两条拉速曲线的降速率是不同的，根据不同的工艺要求可以设计出不同的拉速曲线，而自动控制的目标就是要使实际拉速尽量符合这条曲线，满足工艺要求。

利用坐标图来设计、分析曲线的走势，比列表更直观、更方便。

### 6.7.3　温校曲线的设定

从转肩到拉晶完毕为了维持单晶硅的等径生长，温度校正的规律是降温—恒

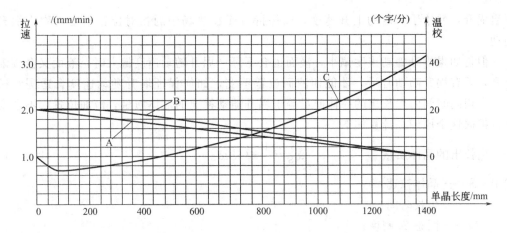

图 6-20 拉速、温校曲线

表 6-2 拉速曲线设计方案（二）

| 分　段 | L00 | L01 | L02 | L03 | L04 | L05 |
|---|---|---|---|---|---|---|
| 分段长度 | 0 | 200 | 200 | 200 | 360 | 440 |
| 累计长度 | 0 | 200 | 400 | 600 | 960 | 1400 |
| 设定拉速 | 2.0 | 2.0 | 1.9 | 1.7 | 1.4 | 1.0 |
| 设定降速 SL | 0 | −0.1 | −0.2 | −0.3 | −0.4 | 0 |

温—升温—升温渐快的变化过程，如图 6-20 中曲线 C 所示。降温的一段晶体不长，恒温的一段更短一点，以后就转入升温过程。降温、恒温的过程尽管时间不长，但是这是必不可少的。

例如，为了配合例 6-1 中的拉速曲线 A，设计一条温校曲线如表 6-3 所示。

表 6-3 温校曲线设计方案

| 分　段 | L00 | L01 | L02 | L03 | L04 | L05 | L06 | L07 | L08 | L09 | L10 |
|---|---|---|---|---|---|---|---|---|---|---|---|
| 分段长度 | 0 | 40 | 40 | 40 | 80 | 200 | 200 | 200 | 200 | 200 | 200 |
| 累计长度 | 0 | 40 | 80 | 120 | 200 | 400 | 600 | 800 | 1000 | 1200 | 1400 |
| 温校速率 | −4 | −2 | 0 | 1 | 3 | 5 | 7 | 9 | 11 | 13 | — |

这条曲线如图 6-20 中的 C 所示，使用中要根据具体情况进行修改，逐步完善。

变晶转、变埚转的设定方法与拉速、温校的设定方法相同，不再赘述。

## 6.8　埚升速度的计算方法

晶体在生长过程中，由于液态不断地转化为固态而被籽晶提起，所以液面在坩埚中的位置总是不断下降的，这就必然会造成固液界面的温度梯度发生变化，给单晶生长带来困难。如果液面下降 1mm，这时让坩埚上升 1mm，那么液面在热场中的相对位置就没有变化，固液界面稳定，有利于单晶生长。所以，当转肩完进入等径生长时，应及时开启埚升，并给予一定的上升速度，以保持液面在热场中的相对位置不变，称为埚升随动。

但是如果埚升随动速度偏小，液面也会下降；埚升随动速度偏大时，液面又会逐渐上升，只有埚升随动合适，才能使液面位置不变，如何保证埚升随动速度合适呢？试想：在相同时间内生长出的晶体质量等于埚升随动补充的液体质量，液面位置就不会变化，根据这个原理，计算如下。

生长出的晶体质量
$$w_S = \frac{1}{4}\pi\phi^2 St\delta_S \qquad (6\text{-}1)$$

式中　$S$——晶体拉速；

　　　$t$——生长时间；

　　　$\delta_S$——固态 Si 密度；

　　　$\phi$——晶体直径。

补充的液体质量
$$w_L = \frac{1}{4}\pi\phi'^2 S't\delta_L \qquad (6\text{-}2)$$

式中　$S'$——坩埚随动速度；

　　　$t$——生长时间；

　　　$\delta_L$——液态 Si 密度；

　　　$\phi'$——坩埚内径。

让 $w_S = w_L$，化简后得
$$\frac{S'}{S} = \frac{\phi^2\delta_S}{\phi'^2\delta_L}$$

固态 Si 密度 $\delta_S = 2.33\text{g/cm}^3$，液态 Si 密度 $\delta_L = 2.5\text{g/cm}^3$，

代入上式得埚跟比为
$$\frac{S'}{S} = 0.932 \times \frac{\phi^2}{\phi'^2}$$

所以坩埚随动速度
$$S' = 0.932 \times \frac{\phi^2}{\phi'^2} \times S$$

【例 6-3】　测得 $\phi305\text{mm}$ 坩埚内径为 $288\text{mm}$，晶体直径为 $78\text{mm}$，当籽晶提拉速度为 $2.0\text{mm/min}$ 时，坩埚随动应为多少？
$$S' = 0.932 \times \frac{78 \times 78}{288 \times 288} \times 2.0 \approx 0.137 \ (\text{mm/min})$$

【例 6-4】　测得 $\phi457\text{mm}$ 坩埚内径为 $439\text{mm}$，晶体直径为 $205\text{mm}$，当籽晶提拉速度为 $1.6\text{mm/min}$ 时，坩埚随动应为多少？
$$S' = 0.932 \times \frac{205 \times 205}{439 \times 439} \times 1.6 \approx 0.325 \ (\text{mm/min})$$

由于晶体直径的测量可能产生误差，晶升、埚升实际值与显示值也可能有误差，那么在按计算值投入自动后，坩埚跟随速度可做适当修正，以便更好地符合实际情况。

绝大多数晶体生长自动控制系统可以将单晶直径从头到尾控制在 ±1mm 之内。如果从头到尾晶体呈逐渐长大趋势，说明跟随稍快，可降一点进行修正；反之，可升一点进行修正。

本章讲述了直拉单晶硅的生长技术，很多都是与手动有关的，特别是从拆炉装料到转肩完切入自动，交给自动控制系统继续进行等径生长，到了尾部又切入手动进行收

尾，这些工艺过程都讲述得非常详细，掌握了这些工艺过程及其操作要领，再进入生产现场，很快就能进入角色成为合格的工艺人员。

随着直拉单晶炉的发展，很多炉型采用了全自动控制工艺，有的从抽空开始，有的从引晶开始都交给计算机操作，所有的工艺参数都已事先设定好，包括拉速曲线、温度补偿曲线（即温校曲线）等在内，所以重复性好，还可以将最好的控制程序拷贝到其他同类型单晶炉上进行优化。多台设备甚至可以同时集中监控，减少人工投入，降低成本，增加利润。

# 6.9 异常情况及处理方法

在拉晶工艺过程中，有时会发生一些异常情况，需要及时、正确地加以处理，将损失减小到最小。异常情况有以下几个方面。

## 6.9.1 挂边或搭桥

装料间隙较大，从而增加了料的总高度，或者没有装成"山"形，坩埚上壁接触硅料较多，加上熔料时，没有及时下降埚位或者下降埚位不够，于是埚底部和埚中部的料已熔化，而上面的温度接近熔点而又不够熔化，结果软化后在硅料的挤压下粘在埚壁上，造成挂边，甚至搭桥。

小块料挂边，在径向长度不大的情况下，可以不用处理，如果径向长度较大，在拉晶过程中，会黏附上很多挥发物，时而会掉入埚中，破坏单晶生长，必须处理。挂边与搭桥的处理方法：降低埚位（不得降过下限位），转动坩埚，将挂边处转至热场中温度较高的一方（一般在两边电极的方位），升高功率，让挂边处硅料迅速熔化，注意观察液面动态，发现液面有"开埚"迹象时，可多充入些氩气，减少排气量，增加炉内压力，防止"硅跳"。一旦硅料落入液体中，应立即降温，并升起坩埚。

如果某台设备经常发生挂边或搭桥，恐怕就要考虑其他情况了，例如
① 装料量是否超多？
② 保温罩、保温盖的厚度是否不够、功率损失大？
③ 加热器的电流是否偏小影响功率？
④ 加热器的高度是否不够高，造成熔料时埚位偏高？
⑤ 托碗底部保温是否太差？
针对不同的情况加以处理，问题就迎刃而解了。

## 6.9.2 坩埚裂缝

熔料时或者拉晶过程中，突然发生坩埚裂缝，要及时进行处理。

熔料时发生埚裂，应该立即降温停炉，否则一旦漏料将造成事故，损失严重。

拉晶时其发生埚裂，要区别情况分别对待，如果裂纹深入液体中，应立即降温停炉，如果裂纹未深入液体，可以维持现状，观察发展趋势，有时裂纹不再前进，这样单晶就保住了。

凡是需要降温停炉时，要将坩埚升至最高处，这样可以防止结晶后，坩埚炸裂，胀破加热器。

如果已经发生漏料又未及时发现，这时可能坩埚既无法转动，也无法升降，这时只

好维持现状，严禁强行转动和升降坩埚，但可以在结晶完毕后，保持一定温度，让硅料慢慢降温，争取不胀破加热器。

最大的不幸莫过于拉晶进程中未发现裂纹，但已经漏料了，这时是由于坩埚底部漏了，有经验的拉晶者可以从液面高度的变化、直径控制的变化、托碗外形的变化等迹象判断出来漏料了，刚开始时较慢，一旦托碗底部被熔料蚀穿就漏得较快，所以要及时发现妥善处理，否则漏料会烧坏部件造成重大损失。

### 6.9.3 突然停水、停电

单晶炉在开炉过程中，发生停水（但没有停电），炉壁、炉盖、电极、坩埚轴会迅速升温，其他水冷部位也会升温，水温升高，变成高压蒸气，会冲破薄弱环节，如塑料水管、窥视孔玻璃等部位，密封件在高温灼烧下变脆、烧焦，发生漏气，电极、埚轴、炉底等甚至被烧坏，损失非常惨重。

一旦发生水温报警，欠水报警，应立即排除故障保持水流畅通，若不能及进排除时，应停炉。发生停水时，设备的安全系统会自动切断加热电源。

发生停水事故，主要原因是循环水泵缺相或抽不上水等原因造成，这时应立即开启备用水泵供水；如果是停电引起的，备用水泵也没有电，这时应立即将备用自来水打开供水。

单晶炉在开炉过程中，发生停电、但未停水。这时工艺人员切莫慌张，应根据炉内的现状，停电过程的长短，采取不同的方法和步骤进行处理，原则是将损失降到最低。

瞬间停电后又立即送电的，因为只有几秒，这时什么都来不及做就来电了，这时应立即检查恢复停电前的工艺状态，并进行干预，使工艺正常进行下去。如果晶体断苞，则根据长短区别处理。

如果停电时间较长，液面都快结晶了，则应先关闭真空间，并手动摇柄将坩埚下降，使液面脱离晶体，同时关闭氩气阀，来电后，如果埚内液体刚结晶完，还没有危及坩埚时，可送电加热，熔化硅料，已经提起的晶体，可根据不同长度区别对待或回熔或取出等。如果已经没有拯救的必要和可能性，则按停炉程序进行停炉。

### 6.9.4 突然漏水、漏气

在拉晶过程中，如果突然发生窥视孔玻璃炸裂，冷却水就会进入炉膛，变成蒸气，必须立即停加热器电压，停机械泵电源，然后将窥视孔进水管卡死，不让水流进炉膛，旁边的操作人员应立即帮助处理，关小供水压力，关闭氩气阀门，也关闭真空阀。

如果某个密封部位或某个薄弱环节（如波纹管）等被烧坏，会造成大量漏气，空气进入炉膛，造成硅液氧化，烟雾缭绕，这时就立即停机械泵，避免大量高温气流经过抽空管道，烧坏管道及机械泵。接着停加热电源，关闭氩气阀门，关闭真空阀。最后将各旋钮回零，关闭控制电源。

这两种严重的漏水，漏气现象尽管是很少发生的，但是如果处理不善会造成很大损失。漏水后的整个炉膛、管道、机械泵、密封、阀门等处的水迹必须清除干净，用无水乙醇去水，并用热吹机吹干，已沾水的石墨件要烘干，氧化严重的石墨件弃之不用，还能使用的也要用砂纸去除表面氧化层。

漏气后的炉膛，要清除挥发物，严重黏附的要用细砂纸擦掉，现出光亮平滑的金属面，重新安装后（包括机械、热场等）抽空、股烧，保证真空度合格，各运转系统，各电气系统合格后，方可进行生产。

一般性的漏水，会在加热后不久，真空突然下降，多数发生在焊缝上，如窥视孔的矩形柜、喉口、炉膛下边沿焊缝，炉膛上边沿焊缝等处，漏水点周围的颜色稍有差异，要仔细查找，可在加大水压的情况下抽空，然后观察疑点上是否会有小水珠渗出，确定后，要排尽漏水点内的冷却水，并用同型号的焊条，由经验丰富的焊工进行补焊。补焊后要清擦干净，通水检验，再真空检验，再煅烧检验，都没有发现漏水迹象时，才可投入拉晶。

## 习　题

6-1　画出直拉单晶硅工艺流程图。

6-2　拆炉有哪些步骤？为什么拆炉前要穿戴好工作服装？

6-3　热晶体为什么不能放在铁板或水泥地面上？

6-4　升起主、副炉室要注意哪些事项？

6-5　在装入热场器件时要注意哪些事项？

6-6　除尘器的作用是什么？

6-7　从加热到熔料的全过程中应该注意哪些事项？

6-8　正常的液面是什么样的？

6-9　坩埚位置是怎样影响引晶的？

6-10　如何判断籽晶熔接的温度是否合适？

6-11　缩颈要达到什么标准？放肩要达到什么标准？

6-12　转肩的过程是怎样操作的？一个完美的转肩应该满足什么条件？

6-13　如何做好人机交接？

6-14　在等径生长过程中有时会发生异常现象，如何处理这些异常现象？

6-15　为什么要对生长的单晶收尾？收尾一般有几种方式？各有什么优缺点？

6-16　在什么时间收尾较好？如何进行收尾？有什么具体要求？

6-17　收尾完毕后要进行哪些工作？

6-18　如何计算合适的坐标长度来满足拉速、温校曲线的设计要求？

6-19　试设计一条装料量为 80kg、直径为 $\phi6''$ 的拉速曲线，要求转肩后拉速为 1.4mm/min、200mm 长时为 1.2mm/min、300mm 长时为 1.0mm/min、尾部为 0.65mm/min 的拉速曲线（设每段均为匀降速）。

6-20　温校曲线有什么特点？为什么会出现这种特点？

6-21　设坩埚外径为 $\phi508mm$、壁厚 10mm，当拉制晶体直径为 $\phi8''$ 时，试问埚跟比应为多少？若设转肩时拉速为 1.6mm/min，那么埚跟速度应为多少？

6-22　发现整只晶体有逐渐缩小的趋势时，埚跟速度应如何修正？

# 第7章 铸锭多晶硅工艺

**学习目标**

掌握：铸锭多晶硅的工艺流程。

理解：铸锭多晶硅对光伏产业的重要性。

了解：提高质量降低成本。

## 7.1 光伏产业简介

无论是煤炭、石油、天然气、铀矿，这些不可再生的能源，在地球上的储量都是有限的。这个现实引起了世界各国的高度重视，于是纷纷开发新能源，如水电、风力发电、植物能、太阳能等。

光伏产业就是将太阳能转换成电能的行业，它有着新能源所共有的各种优点，而且，太阳能是地球上唯一一种取之不尽、用之不竭的能源，用来将太阳能转化成电能的硅材料，也是地球上最丰富的元素之一。硅在发电时，并不像煤炭或石油那样被燃烧掉，而是自身基本不会衰减，一直能使用。通常，制成的太阳能电池的使用寿命都在20~30年左右，因此，地球上可以用于作为光伏发电的硅元素，也可以说是永远都用不完的。正因为如此，光伏产业近年来呈现出30%以上的年增长率。

经专家计算，生产工业硅、多晶硅、单晶硅和单晶硅切片，再做成太阳能电池的所有工序加起来（见图7-1），每千克硅变成太阳能电池要用350~450kW·h电。做成太阳能电池，则每千克硅片可以发9000~13500kW·h电。按照最高耗能450kW·h计算，其能源再生比达到20~30倍，也就是说可以用1kW·h电生产出20~30kW·h电。随着技术的进步，生产多晶硅的能耗可以降低，而太阳能电池的发电效率可以提高，能源再生比可以达到40倍以上，届时太阳能电池只要在太阳下照一年，就能把所有能源消耗收回。所以，发展多晶硅及光伏产业是功在当代、利在千秋的事情。

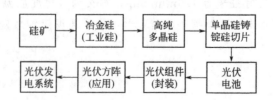

图7-1 光伏产业链

## 7.2 铸锭多晶硅炉的结构

国外早就有了多晶硅铸锭工艺，较多的是直接熔化法，另外还有浇铸法、冷坩埚连续铸锭法，特别是冷坩埚连续铸锭法可以将锭铸到几米长，锭重达吨级。2007年，我国很多厂家开始采用直接熔化法铸锭工艺进行生产铸锭多晶硅，目前国内生产的铸锭炉有270kg及450kg两种规格，主要用于太阳能级多晶硅锭的生产，采用先进的多晶硅定向凝固技术，将硅料高温熔融后通过特殊工艺，由下而上冷凝结晶，形成正方形的硅锭。铸锭多晶硅尺寸分别为690mm×690mm和840mm×840mm。

针对国内设备情况，这里只讲述多晶硅铸锭炉工艺过程，其实铸锭炉和直拉炉大同小异，都属于特种真空电炉，然而铸锭炉没有上、下轴转动机构，也没有上轴提拉机构，相对简单些。

铸锭炉外形及各部分名称如图7-2和图7-3所示，它包括机械系统、水冷系统、真空系统、供气系统、电源及自动控制系统等部分。

图7-2 铸锭多晶硅炉

### 7.2.1 钢结构平台及炉体

钢结构部分分上下两层，中部三支腿支撑炉体以及驱动装置，外部四个立柱支撑整个钢楼面，侧面装有楼梯，楼层上部围有护栏，楼层下有承载电缆和冷却水管等的桥架系统。

整个炉体的中部为圆柱形，上下端呈球形，分内外两层，中间通有冷却水。从中部法兰面分上下两部分，上炉体由三个支腿支撑固定，下炉体则是由三个升降器控制。通

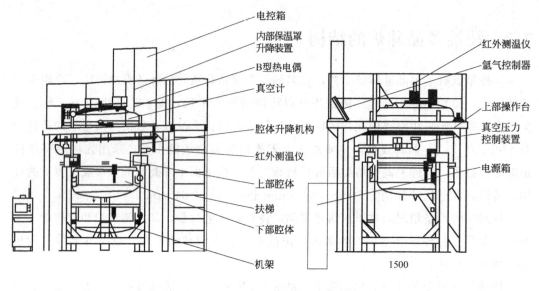

图 7-3 炉体部件名称

过升降器使下炉体上下移动。当上下炉体闭合时，法兰面上的密封圈被紧压，同时合上锁紧装置，保证炉体的气密性。

### 7.2.2 加热隔热系统

隔热笼在上炉体内，由上下两层不锈钢框架组成，框架内衬有碳纤维隔热材料，该材料为平板状，便于安装与更换，整个框架可以上下移动。

铜电极从炉体上方穿入，连接至加热部件，加热部件位于隔热笼内，由四组加热器组成，呈四方形。

在下炉体内，用支撑杆支撑着双层隔热材料组成的隔热平台和特殊材料制作的热交换台，坩埚放置在热交换台上。

### 7.2.3 真空与供气系统

真空系统是由真空机组、安全阀及其他管路等附件组成，可以使炉内的压力迅速降至 0.005Mbar（1bar＝$1 \times 10^5$Pa）。由比例调节阀等控制氩气进出量。系统有空气压力控制阀使炉体与真空系统隔离。如果在冷却过程中需要通入氩气，可以通过一个独立的通道让氩气进入。

### 7.2.4 水冷却系统

冷却循环水分八路，通过管路分别流经炉体的上中下部、电极和真空泵，冷却水歧管装在钢结构部件的后方支脚上，并配有传感器，便于控制。升温后的水通过冷却塔进行热交换，并用水泵送回。

### 7.2.5 电源供应与控制系统

控制系统分为上位机和下位机，上位机以工业控制计算机为主体构成完成监控和输入参数等功能，下位机以智能控制系统为主体构成。大致可以分为以下几大部分。

（1）上位机　上位机完成控制工艺的设置，控制过程的监控，各种反馈信息（如：

温度、水流量、隔热区位置、控制阶段等）显示，出现异常情况报警显示，统计和记录整个硅结晶过程的各种参量的变化情况，并生成图表。

（2）智能处理器 智能处理器作为控制系统的下位机单元，完成对温度的控制，真空度及充入氩气的压力控制，隔离笼的提升控制，多晶硅结晶的速度及冷却水流量等的检测。

（3）加热器电源系统 电源系统包括大容量的变压器及控制单元，提供给加热体所需要的大电流电源。

（4）真空系统控制单元 真空系统控制单元包括对真空机组、气体流量的控制及真空度检测。

（5）运动控制单元 运动控制单元控制下炉体的升降运动及隔热区的提升等动作。

（6）系统供电单元 系统电源单元包括总电源开关和控制柜内配电保护等。

# 7.3 铸锭多晶硅工艺流程

铸锭多晶硅工艺和直拉单晶工艺都属于定向凝固过程，不过，后者不需要籽晶。当硅料完全熔化后，缓慢下降坩埚，通过热交换台进行热量交换，使硅熔液形成垂直的、上高下低的温度梯度，保证垂直方向散热，此温度梯度会使硅在埚底产生很多自发晶核，自下而上地结晶，同时要求固液界面水平，这些自发晶核开始长大，由下而上地生长，直到整埚熔体结晶完毕，定向凝固就完成了。图 7-4 是铸锭多晶硅纵向切片的照片。当所有的硅都固化之后，铸块再经过退火、冷却等步骤最终生产出高质量的铸锭。冷却到规定温度后，开炉出锭。

图 7-4 铸锭硅的切片照片

同样需要备料，对多晶原料进行腐蚀清洗，对掺杂剂进行称量等，然后装炉、抽空、熔料等工艺流程，如图 7-5。目前两种规格铸锭炉可以生产的方硅锭尺寸如表 7-1 所示。

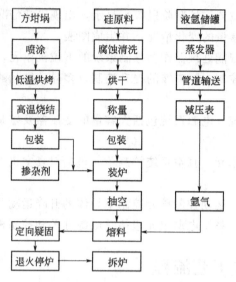

图 7-5　铸锭工艺流程图

**表 7-1　两种铸锭规格**

| 硅锭尺寸/mm×mm×mm | 生产率/(kg/炉) | 生产周期/(h/炉) | 硅锭生长速度/(cm/h) | 年生产能力/(锭/年) |
|---|---|---|---|---|
| 690×690×240 | 270 | 50 | 1～2 | 160 |
| 846×846×270 | 400～450 | ～60 | 1～2 | 140 |

### 7.3.1　石英陶瓷坩埚

　　方形石英陶瓷坩埚是铸锭多晶硅炉的关键部件，如图 7-6 所示，作为装载几百千克多晶硅料的容器、在 1450℃ 以上的高温下连续工作 50 小时以上，要求坩埚具有结构均匀、致密、整体均匀性好，以及纯度、强度、外观缺陷、内在质量、高温性能、热震稳定性、尺寸精度等都有极其严格的要求。制品中的气孔呈微孔状均匀分布的特点，可显著提高制品的热震稳定性，增强石英陶瓷坩埚在铸锭过程中的抗炸裂能力，保证它在使用过程中的可靠性。

图 7-6　方形石英陶瓷坩埚

采用精选的高纯熔融石英原料，通过严格的工艺控制，采用超声波工艺对坩埚表面进行清洗处理，保证制品的纯度。

使用前要对坩埚要进行 $Si_3N_4$ 喷涂，然后进行低温烘烤（约 90℃），再进行高温烧结，约 1000℃，22 个小时。

### 7.3.2 自动控制

目前国内生产的铸锭炉都具备全自动控制功能，采用触摸式平板工业 PC＋进口 PLC 的智能化集散控制模式，实现监控与数据采集及人机交互功能，具有工艺参数编辑、过程监控、工况图显示、实时曲线显示、历史数据库管理，手动操作、系统维护、故障诊断、密码管理等功能，同时可实现远程监控，操作简便，控制过程可视性强。多重安全技术，防止硅液溢出时对设备的破坏甚至人身安全，全程自动报警，无需操作人员守候。

图 7-7　叉车

图 7-8　铸锭多晶硅

### 7.3.3　取出晶锭

通过开启炉体升降机构降下下腔体，使用专用叉车如图 7-7，把晶锭、石英坩埚连同石墨坩埚一起取出如图 7-8，然后卸下石墨坩埚，敲碎石英坩埚，再用专用吊具吊起晶锭取出送往暂存处。

# 7.4　铸锭多晶硅的优缺点

相对于直拉单晶来说，铸锭多晶硅有如下优点。

① 设备制造简单，容易实现全自动控制。

② 原料比较广泛，可以利用直拉头尾料、集成电路的废片以及粒状硅料等，当然要将原工艺过程中的污染经过喷砂、腐蚀等手段清洗干净。

③ 装料量大，产量高，适合大规模生产。

④ 硅片大小可以随意选取，例如 690mm 的方锭可以切成 125mm 的方锭 25 个；也可切成 156mm 的方锭 16 个等。铸锭容易生产大尺寸方片，但直拉法就难一些。

⑤ 利用率高，直拉单晶要切出方锭必须去掉四方的弓形边料，剩下的有用部分就少了，例如滚磨后直径为 152.4mm 的直拉单晶棒，用做 125mm 方片，每千克长 23.3mm；而 125mm 的铸锭，每千克长 27.4mm，多了 4.1mm，可以多切 10～12 片；直拉单晶直径越大，损失就越多。

⑥ 成本低，投资一台 450kg 的铸锭炉的费用可以购买 6 台 80 型直拉炉（装料量 60kg），比较一下成本，如表 7-2 所示。

表 7-2　一台铸锭炉和 6 台直拉炉成本比较

| 项　目 | 1 台铸锭炉 | 6 台直拉炉 | 比　　较 |
|---|---|---|---|
| 投料量/kg | 450 | 6×60＝360 | 6 台投料少 90kg |
| 月产量/kg | 4500～4800 | 3600～3800 | 6 台少产 900～1000kg |
| 额定功率/kW | 180 | 6×165＝990 | 6 台额定功率高 810kW |
| 使用功率/kW | 75 | 6×68＝408 | 6 台多耗电功率 333kW |
| 氩气/（m³/h） | 12 | 6×9＝54 | 6 台每小时多耗 42m³ |
| 软水/（m³/h） | 20 | 6×18＝108 | 6 台每小时多耗 88m³ |
| 设备占地/m² | 22 | 6×18.4＝110.4 | 6 台多花建筑费用 88.4m² |

这里还不包括由于设备数量增加所带来的附加成本，如备品备件、维修费用、人力资源等。显而易见，铸锭成本低多了，这也是为什么国际上大都采用多晶硅铸锭工艺生产太阳能电池片的重要原因。但它也有如下缺点。

① 直拉单晶的方片整个是一个单晶片，不存在晶界，质量技术指标比较统一；而铸锭的方片为很多小晶粒组成的多晶片，晶粒大小不等，分布不均匀，质量技术指标，每片之间难于一致。

② 由于熔体表面积大，难于做到横向温度梯度很小，造成结晶界面不平坦，产生很多晶格缺陷，再加上用料较杂，难免带入有害杂质，使少子寿命降低。

③ 光电转换效率较低，目前比单晶片低 1%～2%。

目前，铸锭工艺仍然是生产太阳能电池硅材料的主要手段，将来的发展方向是薄膜电池，它具有更低的成本，甚至可以全天候进行光电转换，还可以实现光伏建筑一体化，只是转换率太低，规模不大，目前尚处于进一步研究发展阶段。

## 习 题

7-1 谈一谈光伏产业的重要性。

7-2 铸锭多晶硅炉和直拉单晶炉有何不同？

7-3 铸锭多晶硅工艺和直拉工艺有什么共同点和不同点？

7-4 铸锭多晶硅工艺和直拉工艺相比有什么优缺点？

7-5 举例说明铸锭工艺的成本优势。

7-6 设硅片厚 $180\mu m$，钢线加损耗 $150\mu m$。直径为 203mm 的直拉单晶 1kg 开方后（156mm 方片）能切多少片？而 156mm 的铸锭 1kg 能切多少片？试比较经济效益。

# 第8章 掺杂技术

掌握：掺杂量的计算方法。
理解：型号、电阻率和杂质的关系。
了解：分凝效应、蒸发和扩散。

## 8.1 杂质

对于硅材料而言，所有的非硅元素都是杂质。将富硅石（含 $SiO_2$ 量在 99％以上的硅矿石）进行提炼，除去氧和许多金属杂质，得到含 Si 量为 98％以上的冶金级多晶硅（工业硅），再用一些物理方法和化学方法进行进一步提纯，使多晶硅纯度达到 6 个"9"，即 99.99990％～99.99998％，也就是说在百万个原子中最多只有 1 个是杂质，其他都是硅原子，才能满足太阳能器件的起码要求。要是做大规模集成电路用，还要提纯到 7～9 个"9"，特殊的器件甚至要求多晶硅的纯度在 11 个"9"以上。如果采用硅烷法制取，可以使多晶硅达到 13 个"9"的超高纯度。

值得说明的是，这里的纯度是根据材料中金属杂质总量来计算的，不包括氧、碳等杂质，多晶中的氧含量一般为 $10^{17}$ 个原子$/cm^3$ 数量级，碳含量为 $10^{16}$ 个原子$/cm^3$ 数量级，尽管金属杂质含量比氧、碳含量低很多个数量级，然而其危害却是致命的，因此，根据材料中金属杂质总量来计算纯度是科学的、适用的。

为什么要一再去除多晶硅中的杂质呢？这是因为有很多金属杂质（重金属、过渡金属），它们会形成多个杂质能级，起到复合中心的作用，导致少子寿命降低；一些非金属杂质，会在制造器件过程中产生沉淀或者和某些金属杂质结合在一起，形成新施主、电学中心等，给器件造成致命伤害。所以，要求多晶硅越纯越好，杂质越少越好。然而由于提纯技术上的难度和对提纯成本的考虑，因此在制取多晶硅时，可以选取不同的工艺条件，获取不同纯度级别的多晶硅产品，以满足不同器件的需要，只要在这个纯度内，少量杂质的存在不会对该器件造成影响，就是可以允许的。

不是所有的杂质都有害，有的是有害的，有的是需要的，有的具有两面性，可以扬长避短地进行利用。当利用多晶硅生长单晶硅时，就会有意地加入需要的杂质，来决定单晶硅的导电型号；还要计算掺入的数量来控制材料的电阻率。在制作器件时，还会有意引入一些杂质来做 PN 结，或者抑制某些缺陷，改善电学性能等。

在半导体材料硅中，掺入痕量的非硅元素、合金或化合物，获得预定的电学特性的过程，就叫掺杂。为了获得预定的导电型号和电阻率而痕量掺入半导体中的物质，称为"掺杂剂"，通常为元素周期表中的Ⅱ、Ⅲ族或Ⅴ、Ⅵ族中的某一种化学元素。

本章重点讲述直拉单晶硅所涉及的杂质及掺杂技术。

# 8.2  导电型号

将硅材料提纯到本征态的时候，它的电阻率达到 $3 \times 10^5 \, \Omega \cdot cm$ 以上，几乎是不导电的，然而硅对热、光、磁的作用很敏感，它的电阻率会迅速降低，而载流子浓度迅速增多，人们利用这个特点制作成电子元件。

由于制作器件的不同，要求直拉单晶硅的技术参数也不同，导电型号是其中之一，在化学元素周期表中（见附录 3），硅处于原子序数 14 号位，属于Ⅳ族元素外层价电子数为 4 个，与其他元素化合时特征价态为 4 价，当在硅中加入Ⅴ族元素后（外层有 5 个价电子），该原子会替代硅原子，并贡献出 4 个价电子与周围的硅原子形成共价键结合，剩余的 1 个价电子（带负电），少受约束而成为自由电子，它会参加导电，称为电子导电，这种材料称为 N 型半导体；当在硅中加入Ⅲ族元素后（外层只有 3 个价电子），该原子会替代硅原子并贡献出 3 个价电子与周围的硅原子形成共价键结，因为少了 1 个价电子，产生了 1 个硅的悬挂键，形成一个空穴（带正电），邻近的电子过来填补，又在邻近处形成一个新的空穴，相当于空穴在运动，参与导电，称为空穴导电，这种材料称为 P 型半导体。

因为Ⅴ族元素可以贡献出 1 个电子参与导电，所以称这种杂质为"施主杂质"，也称为 N 型杂质，同理，Ⅲ族元素要接受 1 个电子才能参与导电，所以称这种杂质为"受主杂质"，也称为 P 型杂质。

目前常用的 N 型掺杂剂有磷（P）、砷（As）、锑（Sb）；P 型掺杂剂有硼（B），也有掺铝（Al）、镓（Ga）、铟（In）的，但较少。

# 8.3  熔硅中的杂质效应

当杂质进入硅熔体液之后，会扩散到整个熔体内，这是它的扩散效应；有一些杂质会蒸发，这是它的蒸发效应；在结晶过程中，进入固态的杂质和留在熔体中的杂质，浓度不是一样的，这是它的分凝效应。

## 8.3.1  扩散效应

所谓扩散，就是杂质原子、分子在气体、液体或固体中进行迁移的过程，当然在气体中迁移更快，液体中次之，固体中最慢。而且它总是从杂质浓度高的地方向浓度低的地方迁移。在制作器件的过程中，往往要向晶片中扩磷、扩硼或者其他杂质，就要关注杂质的扩散效应。

如同热场中引入温度梯度一样，下面引入杂质浓度梯度这个概念。设在 $x$ 方向上单位长度 $\Delta x$ 内的杂质浓度变化为 $\Delta s$，那么当 $\Delta x \rightarrow 0$ 时，则浓度梯度可以用 $\dfrac{dC}{dx}$ 来表示，那么在单位时间内，在垂直于 $x$ 方向上的单位面积中，扩散杂质的原子数 $J$ 可以

表示为

$$J = -D \frac{\mathrm{d}C}{\mathrm{d}x}$$

式中　$D$——扩散系数（单位为 $cm^2/s$）；

"—"——表示扩散的方向与杂质浓度增加的方向相反。

扩散系数是温度的函数，随着温度上升呈指数增加，实验测得，在1200℃各种杂质在固体硅中的扩散系数，如表8-1所示。

表 8-1　杂质在硅中的扩散系数 $D$

| 元素 | 硼(B) | 铝(Al) | 镓(Ga) | 铟(In) | 磷(P) | 砷(As) |
|---|---|---|---|---|---|---|
| 扩散系数(1200℃) | $4 \times 10^{-12}$ | $10^{-10} \sim 10^{-12}$ | $4.1 \times 10^{-12}$ | $8.3 \times 10^{-13}$ | $2.8 \times 10^{-12}$ | $2.7 \times 10^{-13}$ |
| 元素 | 锑(Sb) | 铜(Cu) | 金(Au) | 锌(Zn) | 铁(Fe) | 锂(Li) |
| 扩散系数(1200℃) | $2.7 \times 10^{-13}$ | $\sim 10^{-5}$ | $\sim 10^{-6}$ | $\sim 10^{-6}$ | $1 \times 10^{-6}$ | $1.3 \times 10^{-5}$ |

从表8-1中可以看出，硼、磷、砷、锑等杂质扩散系统比较小，在硅中扩散较慢，而铜、铁、金、锂等杂质扩散较快，可根据不同需要进行选取。

### 8.3.2　蒸发效应

掺入硅熔体中的杂质在高温下会不断蒸发的，特别是在真空状态下会更显著，常以蒸发的速度常数和时间常数来描述蒸发效应。

（1）杂质的蒸发速度常数

由于掺入的杂质量往往很少，于是可以认为杂质蒸发符合理想气体规律，在一定温度下，在杂质的平衡蒸发条件下，根据气体分子运动论，可以推算出，单位时间内，某杂质从熔体单位面积上蒸发出来的原子数与熔体中杂质浓度之比，并用 $E_v$ 来表示，称为杂质的蒸发速度常数，那么在单位时间内从硅熔体中蒸发出来的杂质总量 $N$ 可用下式表示

$$N = E_v A C_1$$

式中　$A$——熔体蒸发表面积；

　　　$C_1$——熔体中杂质浓度；

　　　$E_v$——杂质蒸发速度常数，$cm/s$。

$E_v$ 的数值越大，说明该杂质最容易蒸发，反之亦然。

表 8-2　杂质蒸发速度常数 $E_v$

| 杂 质 | 蒸发常数 $E_v/(cm/s)$ | 杂 质 | 蒸发常数 $E_v/(cm/s)$ |
|---|---|---|---|
| 硼(B) | $5 \times 10^{-6}$ | 铜(Cu) | $5 \times 10^{-5}$ |
| 磷(P) | $1 \times 10^{-4}$ | 铁(Fe) | $2 \times 10^{-5}$ |
| 锑(Sb) | $7 \times 10^{-2}$ | 锰(Mn) | $2 \times 10^{-4}$ |
| 砷(As) | $5 \times 10^{-3}$ | 镓(Ga) | $1 \times 10^{-3}$ |
| 铝(Al) | $1 \times 10^{-4}$ | 铟(In) | $5 \times 10^{-3}$ |
| 钙(Ca) | $1 \times 10^{-3}$ | | |

从表 8-2 中可以看出，熔硅中的杂质锑、砷、铟、镓最容易蒸发；而硼、铜、铁则最难于蒸发。

（2）杂质的蒸发时间常数

熔体中的杂质浓度 $C$ 会由于不断蒸发而随着时间 $t$ 的加长而逐渐下降，同时，如果单位重量熔体所铺开的表面积 $\dfrac{A}{W}$ 越大，蒸发越快，浓度下降就快些，所以，杂质浓度随着时间的变化率 $\dfrac{dc}{dt}$ 为下面的形式：

$$\frac{dC}{dt} \propto -C\frac{A}{W}\text{（负号表示浓度随时间而降低），}$$

同时它应该和杂质蒸发速度常数成正比，于是等式为

$$\frac{dC}{dt} = -E_v C\frac{A}{W}$$

由此求得

$$C = C_0 e^{-E_v\frac{A}{W}}$$

式中　$C_0$——表示某种杂质的初始浓度；

　　　$C$——表示某种杂质在经过时刻 $t$ 后的浓度。

不难发现，当 $t = \dfrac{W}{AE_v}$ 时，则有 $\dfrac{C}{C_0} = \dfrac{1}{e}$，即 $C = \dfrac{C_0}{e}$。

也就是说，当熔体的蒸发时间恰好等于 $\dfrac{W}{AE_v}$ 时，那么此刻这种杂质在熔体中的浓度，恰好只有初始浓度的 $\dfrac{1}{e}$，即 $\dfrac{1}{2.72}$（约为 $\dfrac{1}{3}$），于是，将这个时间称为杂质的蒸发时间常数，并用 $E_t$ 来表示，即 $E_t = \dfrac{W}{AE_v}$。

显然，蒸发时间与杂质种类、熔体质量、蒸发面积的不同而有所不同，有学者用硅棒在区熔炉上做过试验，得出一些杂质在特定条件下的蒸发时间常数，数据如表 8-3 所示。

表 8-3　杂质的蒸发时间常数 $E_t$（实验数据）

| 元素 | 磷 | 砷 | 锑 | 硼 | 铝 | 镓 | 铟 | 铜 | 铁 | 锰 |
| --- | --- | --- | --- | --- | --- | --- | --- | --- | --- | --- |
| 蒸发时间常数 $E_t$ | 2.5h | 3min | 0.2min | 50h | 2.5h | 12min | 3min | 5h | 10h | 1h |

从上表中可以看出锑蒸发得最快，降到初始浓度的 $\dfrac{1}{e}$ 只需要 0.2min，砷和铟需要 3min，镓需要 12min，这些杂质掺入硅熔体中要采取一些特殊措施来保证合格的电阻率，但是利用蒸发去除这些杂质倒是比较容易，然而像铁需要 10h，硼需要 50h，难于用蒸发效应去除掉。杂质的分凝效应很重要，将在下一节中讲述。

# 8.4　杂质的分凝效应

在硅单晶生长过程中，一直伴随着熔体结晶为固体的物态转变，在这个转变的关键部位——固液交界面上，就会发生杂质的分凝效应，即杂质并不按照在熔体中的浓度进

入固体，或许浓度低，或许浓度高，就像是在按比例分配一样，这种现象就是杂质的分凝效应。分配的比例就叫做分凝系数，在不同情况下又分为平衡分凝系数和有效分凝系数。研究半导体中的杂质分凝效应，可以利用分凝现象来除去某些有害杂质，可以有效地控制掺杂的准确性和均匀性。

### 8.4.1  平衡分凝系数

在硅熔体中掺入极少量的杂质磷，以便获得轻掺杂的 N 型单晶硅，以此为例来讨论一下分凝情况。

设想一种理想的结晶状态：液相中的杂质很稀少，它的结晶速度非常缓慢，在结晶时，交界面附近由于分凝产生的浓度变化，有充分的时间进行调整，随时达到新的平衡，杂质浓度随时都是均匀的，就可以画出如图 8-1 的图形。

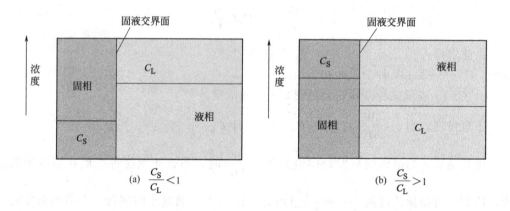

图 8-1  固液平衡时交界面附近的杂质浓度分布

在图 8-1 中，画出了固液平衡时，在固液交界面附近杂质浓度情况，图 (a) 中固相中的杂质浓度 $C_S$ 显然比液相中的浓度 $C_L$ 低很多，也就是说在结晶时，固相有意排斥一些杂质，不让其进入固相，因而浓度就低很多，图 (b) 中的情况正好相反，固相有意吸收一些杂质进来，从而提高了固相的杂质浓度。设 $K_0$ 为平衡分凝系数，它表示在固液平衡时，固相中的杂质浓度和液相中杂质浓度的比值，即

$$K_0 = \frac{C_S}{C_L}$$

式中  $C_S$——杂质在固相中的杂质浓度；

$C_L$——杂质在液相中的杂质浓度。

若 $K_0 = 1$，表示在凝固时，固相、液相中的杂质浓度是一样的；若 $K_0 < 1$，表示在凝固时，固相的杂质浓度低于液相中的杂质浓度；若 $K_0 > 1$，表示在凝固时，固相的杂质浓度高于液相中的杂质浓度。

在同一种物质熔体中，分别掺入各种不同杂质，在结晶时，各自的平衡分凝系数 $K_0$ 是不一样的，大约在 $10^{-7} \sim 20$ 之间；同一种杂质分别掺入不同的熔体中，在结晶时，各自的平衡分凝系数 $K_0$ 也是不一样的，例如硼 (B) 在硅中的分凝系数为 0.9，而在锗中的分凝系数为 20。

一般来讲，若杂质是降低结晶物质的熔点，则 $K_0<1$；反之，若杂质是提高结晶物质的熔点，则 $K_0>1$。所以说，在定向凝固过程中，由于杂质分凝效应，结晶界面可能会排斥某些杂质（对于 $K_0<1$ 的杂质），又可能吸收某些杂质（对于 $K_0>1$ 的杂质）。

这里列出一些杂质在硅和锗中的平衡分凝系数，如表 8-4 所示，从中可以看出，硼在硅中的 $K_0$ 为 0.9，说明用分凝效应提纯不容易除去硅中的杂质硼；在锗中为 20，说明结晶时，大量的杂质硼进入固相锗，反而将液相锗提纯了，其他杂质不管在硅中还是在锗中都是 $K_0<1$，甚至远小于 1。生产区熔高阻硅单晶时，多次反复地将熔区从籽晶端移向尾部，也就多次反复地将绝大多数杂质集中到了尾部，然后切去尾部，就得到了更为纯净的硅材料如图 8-2 所示。由于硼难以除去，留在硅材料中，所以制成的单

**表 8-4　杂质在硅（Si）、（Ge）中的 $K_0$ 值**

| 元　　素 | $K_0$ | | 元　　素 | $K_0$ | |
|---|---|---|---|---|---|
| | 在 Si 中 | 在 Ge 中 | | 在 Si 中 | 在 Ge 中 |
| 硼（B） | 0.9 | ~20 | 锌（Zn） | $\sim 1\times10^{-5}$ | $4\times10^{-4}$ |
| 铝（Al） | $2\times10^{-3}$ | 0.073 | 铜（Cu） | $4\times10^{-4}$ | $1.5\times10^{-5}$ |
| 镓（Ga） | $8\times10^{-5}$ | 0.087 | 银（Ag） | — | $4\times10^{-7}$ |
| 铟（In） | $5\times10^{-4}$ | 0.001 | 金（Au） | $2.5\times10^{-5}$ | $1.3\times10^{-5}$ |
| 钛（Ti） | — | $4\times10^{-5}$ | 镍（Ni） | $2.5\times10^{-5}$ | $3\times10^{-6}$ |
| 磷（P） | 0.35 | 0.08 | 钴（Co） | $8\times10^{-6}$ | $10^{-6}$ |
| 砷（As） | 0.3 | 0.02 | 钽（Ta） | $10^{-7}$ | $5\times10^{-6}$ |
| 锑（Sb） | 0.04 | 0.003 | 铁（Fe） | $1.5\times10^{-4}$ | $3\times10^{-5}$ |
| 铋（Bi） | $7\times10^{-4}$ | $4\times10^{-5}$ | 氧（O$_2$） | 0.5~1.0 | — |
| 锡（Sn） | 0.02 | 0.02 | 碳（C） | 0.07 | |
| 钙（Ca） | $1\times10^{-3}$ | — | 锰（Mn） | $10^{-5}$ | |

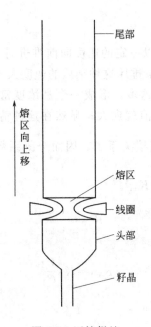

图 8-2　区熔提纯

晶硅为 P 型。知道了不同杂质的分凝系数，就为计算掺杂量时提供了依据，也为选择何种掺杂剂提供了参考。例如在硅中，硼的分凝系数 $K_0=0.9$，铝的分凝系数 $K_0=2\times10^{-5}$，为得到同样的电阻率，掺硼所需的杂质量要少得多，这样还可以减少由于掺杂剂带入超纯硅中的有害杂质量。

### 8.4.2 有效分凝系数

上面讲的是理想状态下的分凝系数，叫做平衡分凝系数。实际上，在生产中，晶体生长速度不可能非常缓慢，界面排斥出来的杂质也不可能及时扩散开去，于是在液相中形成一个杂质富集层，厚度为"$\delta$"，这是 $K_0<1$ 的情况，如图 8-3(a) 所示；在 $K_0>1$ 的情况下，界面吸收液相中的杂质，使得界面附近的液相侧杂质贫乏，周围的杂质又来不及扩散过来补充，形成一个杂质贫乏层，厚度为"$\delta$"，如图 8-3(b) 所示。

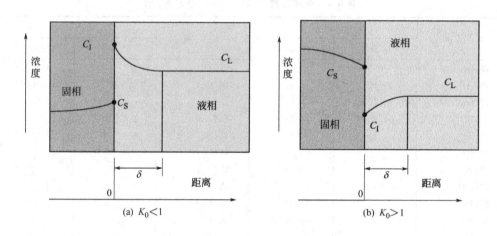

图 8-3　生长界面附近的杂质浓度

(1) 在 $K_0<1$ 时

由于 $K_0<1$，当生长界面以一定的速度向前推进时，生长界面就会排斥这种杂质，杂质会在液相侧产生聚集，如果排斥这种杂质的速度大于聚集杂质向外扩散的速度，那么在液相侧的杂质聚集就越来越多，形成一个高浓度富集层，厚度为"$\delta$"，结晶速度愈快，杂质排出就愈快，"$\delta$"值就愈大；显然在这种情况下，分凝到固相的杂质浓度 $C_S$ 已经和"$\delta$"中的 $C_I$ 发生直接关系了，因而分凝系数应该是 $K_0=\dfrac{C_S}{C_I}$，不再是 $\dfrac{C_S}{C_L}$，这时的 $\dfrac{C_S}{C_L}$ 被称为有效分凝系数 $K_{eff}$。

$$K_{eff}=\frac{C_S}{C_L}$$

将 $C_S=K_0C_I$ 代入上式得

$$K_{eff}=K_0\frac{C_I}{C_L}$$

因为 $\dfrac{C_I}{C_L}>1$，所以 $K_{eff}>K_0$。

结晶的速度愈快，杂质聚集就越浓厚，$C_I$ 就越大，当然 $C_S=K_0C_I$ 也就越大，因而

$K_{eff}$ 也越大，意味着进入固相的杂质就越多，随着结晶时间的加长，熔体中的杂质浓度 $C_L$ 是不断增加的，当然 $C_1$ 也在逐渐增加，于是进入固相的杂质浓度 $C_S$ 也是随时间加长而不断增加的；如果放慢结晶速度，并加强熔体搅拌，迫使"$\delta$"变薄，降低 $C_1$ 值，让它接近 $C_L$，这时 $K_{eff} \approx K_0$。

（2）在 $K_0 > 1$ 时

在 $K_0 > 1$ 的情况下，当生长界面以一定的速度向前推进时，生长界面就会吸收这种杂质，导致液相侧杂质浓度降低，如果吸收这种杂质的速度大于周围杂质向交界面扩散的速度，那么在液相侧的杂质就越来越少，形成一个低浓度的贫乏层，厚度为"$\delta$"，结晶速度愈快，杂质吸收就愈快，"$\delta$"值就愈大；显然在这种情况下，分凝到固相的杂质浓度 $C_S$ 已经和"$\delta$"中的 $C_1$ 发生直接关系了，因而分凝系数应该是 $K_0 = \dfrac{C_S}{C_1}$，不再是 $\dfrac{C_S}{C_L}$，这时的 $\dfrac{C_S}{C_L}$ 称为 $K_{eff}$。

$$K_{eff} = \frac{C_S}{C_L}$$

将 $C_S = K_0 C_1$ 代入上式得

$$K_{eff} = K_0 \frac{C_1}{C_L}$$

因为 $\dfrac{C_1}{C_L} < 1$，所以 $K_{eff} < K_0$，结晶的速度愈快，杂质贫乏层越稀薄，$C_1$ 就越小，当然 $C_S = K_0 C_1$ 也就越小，因而 $K_{eff}$ 也越小，意味着进入固相的杂质就越少，随着结晶时间的加长，熔体中的杂质浓度 $C_L$ 是不断减少的，当然 $C_1$ 也在不断减少，于是进入固相的杂质浓度 $C_S$ 也随时间加长而不断减少；如果放慢结晶速度，并加强熔体搅拌，迫使"$\delta$"变厚，增加 $C_1$ 值，让它接近 $C_L$，这时 $K_{eff} \approx K_0$。

（3）在 $K_0 = 1$ 时

显然，在 $K_0 = 1$ 时，即 $C_S = C_1 = C_L$，就不存在分凝效应了。

# 8.5 $K_{eff}$ 与 $K_0$ 的关系

前面讲过，实际生产中，晶体生长不可能是理想状态，而是有一定的结晶速度的，也就是说 $K_{eff}$ 比 $K_0$ 更实用。

$K_{eff}$ 是和熔体性质、结晶速度、杂质的扩散系数、熔体的搅拌情况有关的一个物理量，已知

$$K_{eff} = K_0 \frac{C_1}{C_L}$$

式中的 $K_0$、$C_L$ 都可以得到具体数据，交界面处的 $C_1$ 却无法求得，所以要知道 $K_{eff}$ 的具体数值是难以办到的，于是有学者根据 $K_{eff}$ 与之有关的物理参数，加上适当的边界条件，列出了下面的关系式

$$K_{eff} = \frac{K_0}{K_0 + (1 - K_0) e^{-\Delta}}$$

$$\Delta = \frac{f\delta}{D}$$

$$\delta = 1.6D^{\frac{1}{3}} \cdot \gamma^{\frac{1}{6}} \cdot \omega^{-\frac{1}{2}}$$

式中　$K_{eff}$——有效分凝系数；

　　　$K_0$——平衡分凝系数；

　　　$f$——结晶速度（界面移动速度）；

　　　$D$——杂质在熔体中的扩散系数，$cm^2/s$；

　　　$\delta$——富集层或贫乏层厚度，$cm$；

　　　$\gamma$——溶体的黏滞系数，对于硅，$\gamma = 3 \times 10^{-3} cm^2/s$；

　　　$\omega$——晶体转动角速度。

　　设边界条件为：在强烈搅拌时，$\delta$ 可取 $10^{-3} cm$；轻微搅拌时，$\delta$ 可取 $10^{-1} cm$，$D$ 按照在 1200℃ 时固体硅中的值进行估计，一般为 $10^{-4} \sim 10^{-5} cm^2/s$，再加上结晶速度，这样就可以计算出 $K_{eff}$ 来。有学者计算出在结晶速度一般为 $1 \sim 5 mm/min$ 的情况下，磷在硅中的 $K_{eff}$ 为 $0.39 \sim 0.55$。

　　综上所述，可以发现一些规律：

$$f \text{ 增大} \rightarrow \delta \text{ 增大} \rightarrow K_{eff} \text{增大；}$$

$$f \text{ 减小} \rightarrow \delta \text{ 减小} \rightarrow K_{eff} \text{减小；}$$

$$D \text{ 增大} \rightarrow \delta \text{ 变小} \rightarrow K_{eff} \text{减小；}$$

$$D \text{ 减小} \rightarrow \delta \text{ 增大} \rightarrow K_{eff} \text{增大；}$$

$$f \rightarrow 0 \rightarrow e^{-\Delta} \rightarrow 1 \rightarrow K_{eff} \approx K_0 ;$$

$$f \rightarrow \infty \rightarrow e^{-\Delta} \rightarrow 0 \rightarrow K_{eff} = 1 。$$

　　由此可见，结晶速度太快，分凝效果就差，不利于提纯，也不利于电阻率的均匀性；结晶速度太慢时，又回到了平衡分凝情况了。

　　在现实生产中，生长速度 $f$ 不可能为 0，更不可能很大，只是在较低的速度下才有利于结晶不受破坏，所以，尽管 $K_{eff}$ 在 $K_0 \sim 1$ 之间变化，必然还是更接近 $K_0$，而且由于生长速度、杂质浓度等在整个结晶过程中总是有变化的，所以 $K_{eff}$ 总是有变化的，不可能是个固定值，因此，研究有效分凝的目的，旨在利用它的规律为生产服务，甚至为了简化运算而直接取 $K_0$ 值。

# 8.6　结晶后固相中的杂质分布规律

　　前面讲了分凝效应，旨在了解固液交界面在结晶过程中是怎样对熔体中的杂质进行再分配的，那么结晶完成后固相中的杂质浓度是什么情况呢？譬如直拉单晶硅、铸锭多晶硅、区熔单晶硅中的杂质是怎样分布的呢？

### 8.6.1　顺序凝固

　　让熔体从一端开始凝固，逐步向前推移，直到所有的熔体凝固完毕，这就是顺序凝固，也叫定向凝固，或者自然凝固。单晶硅、铸锭多晶硅、区熔单晶硅都属于顺序凝固。

　　顺序凝固后，杂质沿晶锭的分布规律可表示为：

$$C_X = K_{eff} C_0 (1-G)^{K_{eff}-1}$$

式中　$C_X$——顺着凝固方向上距离为 $X$ 处的断面上的杂质浓度；

　　　$K_{eff}$——有效分凝系数；

　　　$C_0$——熔体中原始杂质的浓度；

　　　$G = \dfrac{X}{L}$——表示长度分数；

　　　$X$——生长界面在凝固方向上的距离。

下面以直拉单晶为例说明，如图 8-4，设晶体长度为 $L$，图中虚线表示尚未完成的晶体部分，该晶体掺磷，是 $K_0 = 0.35 < 1$ 的杂质，并以原始浓度 $C_0 = 1$ 作图，于是得到一条指数曲线，如图 8-5 所示。可见，头部杂质浓度低，而尾部杂质浓度高，当然电阻率应该是头部高而尾部低的。整支单晶从头到尾有 0.8 的长度，其杂质浓度低于 $C_0$（以 $C_0 = 1$ 作图），可见分凝效果是相当显著的。

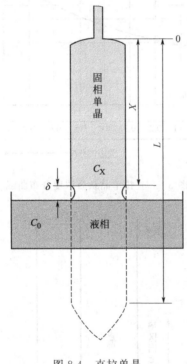

图 8-4　直拉单晶

不同杂质（$K_0$ 不同）、不同的掺杂量（$C_0$ 也不同），浓度指数曲线 $C_X$ 也不一样。

## 8.6.2　区域熔化

设有一支长度为 $L$、杂质浓度 $C_0$ 是均匀分布的等径硅棒，从头部籽晶端开始，保持熔区宽度不变，保持移动速度不变，将熔区向尾端移动，如图 8-6 所示，到尾部结束。由于杂质在熔化和凝固过程中会发生分凝效应，固相中的杂质浓度分布情况和顺序凝固过程相似：对于 $K_0 < 1$ 的杂质，单晶头部低尾部高，杂质向尾部聚集；而对于 $K_0 > 1$ 的杂质，单晶头部高、尾部低，杂质向头部聚集。一次区熔后的杂质浓度分布可

求得为

$$\frac{C_X}{C_0} = 1 - (1-k)e^{-k\frac{X}{l}}$$

式中　$C_X$——离晶体头部距离为 $X$ 处的断面杂质浓度；

　　　$C_0$——多晶硅棒中的杂质浓度；

　　　$k$——分凝系数（$K_0$ 或 $K_{eff}$）；

　　　$X$——熔区离起始端的距离；

　　　$l$——熔区宽度。

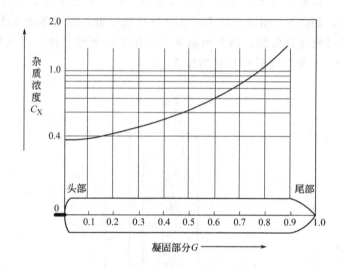

图 8-5　直拉单晶杂质浓度分布曲线

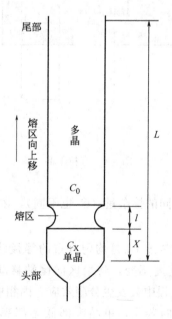

图 8-6　区熔单晶

设多晶硅中的杂质为磷，$K_0 = 0.35$，区熔一次后的杂质浓度分布曲线如图 8-7 所示，同理，这也是头部杂质浓度低，而尾部杂质浓度高的，电阻率当然就是头部高而尾部低了。值得注意是，这种分布和直拉的有区别，直拉是将多晶全部熔化在坩埚里，所掺杂质全部进入硅料中，然后才生长单晶，而区熔单晶只有一个小熔区，一边将多晶熔化，带入新的杂质，一边凝固成单晶，对杂质进行分凝，所以和顺序凝固相似但又不同，从图中可以看出，一次区熔后，只有不到 50% 长度的杂质浓度在 $C_0$ 以下（而直拉的占到了 80%）。因为熔区很小，很容易聚集杂质，差不多到一半时，达到较高的浓度，当分凝进入晶体中的杂质为 $C_0$ 时，熔进来的浓度刚好也为 $C_0$，这时熔区内杂质浓度不再变化。到了最后一个熔区"λ"，不再熔入新料，熔区自然凝固，于是浓度曲线又开始上升。

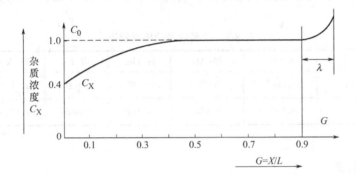

图 8-7　一次区熔后的杂质浓度分布曲线

由于区熔工艺的特殊性，可以反复多次进行提纯，提纯的最终结果还是不错的。这次提纯的硅棒中，杂质浓度分布就是前一次提纯后的结果，但多次区熔有一个极限分布，再次区熔已失去提纯作用。

## 8.7　掺杂

掺杂，就是把半导体材料的非本体元素、合金或化合物痕量掺入半导体中，获得预定的电学特性的过程。例如，在硅中掺入磷、砷、锑可以获得 N 型硅单晶；掺入硼、铝、镓等可以获得 P 型硅单晶。根据不同要求，可以掺入不同的杂质量，获得不同的电阻率范围。

在计算掺杂量的时候会经常用到以下两个图。

(1) 硅中杂质浓度和电阻率的关系图（见附录 2）说明如下。

① 这个图是根据硅中掺入杂质磷和硼而建立的，适用于掺杂剂浓度 $10^{12} \sim 10^{21}$ $cm^{-3}$（电阻率 $0.0001 \sim 10000 \Omega \cdot cm$）掺硼硅单晶和 $10^{12} \sim 5 \times 10^{20} cm^{-3}$（电阻率 $0.0002 \sim 4000 \Omega \cdot cm$）掺磷硅单晶。

② 用于获得本换算基本数据的试样都假定是非补偿的，对于明显补偿的试样，换算不适用。

③ 用于硼或磷之外的掺杂硅单晶，在浓度小于 $10^{17}\,cm^{-3}$ 的掺杂范围内，对掺杂剂的换算预期有足够的准确性，超过这个范围，这个换算会存在较大差异。

（2）化学元素周期表（见附录 3） 从中可以查到产生不同导电型号的掺杂元素以及该元素的原子量。

### 8.7.1 掺杂极限

少量杂质掺入硅熔体中，杂质就会熔解在熔体内，而且扩散到整个熔体，但是掺杂量有一定的限度，超过这个限度就不能再熔解了（就像盐超量加入水中不能再熔解一样），不仅不能熔解，而且也无法生长成硅单晶；同理，当硅单晶中的某种杂质超过一定的熔解度时（称为固熔度），也会产生杂质析出而破坏单晶生长。一般来讲，非硅杂质的原子半径和硅原子相比，相差越大，固熔度越小，同时外层电子数相差越大，固熔度越小。所以在生长单晶硅时，允许掺入的最大杂质量称为掺杂极限。实验数据如表 8-5 所示。

表 8-5　单晶硅中的掺杂极限

| 掺杂元素 | 硼（P） | 铝（Al） | 镓（Ga） | 磷（P） | 砷（As） | 锑（Sb） |
|---|---|---|---|---|---|---|
| 掺杂浓度/（原子/$cm^3$） | $3\times10^{20}$ | $2.3\times10^{18}$ | $9\times10^{18}$ | $2.8\times10^{19}$ | $5\times10^{19}$ | $1.7\times10^{19}$ |
| 相应电阻率/$\Omega\cdot cm$ | 0.0005 | 0.035 | 0.012 | 0.0025 | 0.0012 | 0.004 |

### 8.7.2 掺杂方式

因为不同的杂质，有不同的蒸发系数、扩散系数和分凝系数，不同的工艺，如直拉法、区熔法、定向凝固法等，所掺杂的方式方法也不一样。

（1）纯元素掺杂

在生长 $10^{-2}\sim10^{-4}\,\Omega\cdot cm$ 重掺单晶时，可以采用纯元素掺杂，如高纯锑（Sb）、高纯磷（P）、高纯 $P_2O_5$、高纯硼（B）或高纯 $B_2O_3$。在装入多晶硅料前将纯元素直接放入坩埚里，这时多晶中的原始杂质浓度、蒸发效应可不考虑，只考虑分凝效应，对于 $K_0\ll1$ 的杂质可用下式进行计算：

$$C_X=K_0\frac{C_0}{1-X}（一般取头部位置，即\ X=0）\tag{8-1}$$

$$\frac{W}{d}C_0=\frac{M}{A}N_0\quad 由此得：M=\frac{WAC_0}{dN_0}\tag{8-2}$$

式中　$W$——装料量，即多晶硅重量，g；

$d$——硅的密度，$g/cm^3$；

$C_0$——熔硅中的初始杂质浓度，原子/$cm^3$；

$C_X$——硅单晶头部的杂质浓度；

$K_0$——锑的分凝系数，0.04；

$M$——掺杂元素重量，g；

$A$——掺杂元素原子量；

$N_0$——阿伏伽德罗常数。

【例 8-1】 需要拉制重掺锑单晶硅，装料量为 6kg，电阻率为 $(5\sim12)\times10^{-3}\,\Omega\cdot cm$，

试计算要掺入高纯锑多少克？

**解**　$W = 6000 \text{g}$

$\quad\quad D = 2.33 \text{g/cm}^3$

$\quad\quad C_X = 5.3 \times 10^{18}$（从附录 2 中查出 $10 \times 10^{-3} \Omega \cdot \text{cm}$ 对应的杂质浓度值）

$\quad\quad A = 121.76$（查附录 3 元素周期表 Sb）

$\quad\quad N_0 = 6.02 \times 10^{23}$

$\quad\quad C_0 = \dfrac{C_X}{K_0} = 5.3 \times 10^{18} / 0.04 = 132.5 \times 10^{18}$

$\quad\quad M = \dfrac{6000 \times 121.76 \times 132.5 \times 10^{18}}{2.33 \times 6.02 \times 10^{23}} \approx 69 \ (\text{g})$

（2）母合金掺杂

在生长大于 $0.1 \Omega \cdot \text{cm}$ 的轻掺杂硅单晶时，若用纯元素掺杂，因为用量小，产生的电阻率误差往往较大，所以将纯元素掺入硅熔体中生长成重掺级硅单晶，用来作为母合金，用来掺杂，这样用量虽大，但掺入的杂质元素却少，误差也就小了。要将重掺杂单晶切成片，测量其电阻率，由附录 2 中查出相应的杂质浓度，作为掺杂量计算时的依据。计算公式如下：

$$(W + M)C_X = K_0 M C_m$$

即
$$M = W \frac{C_X}{K_0 C_m - C_X} \tag{8-3}$$

式中　$W$——多晶硅重量，g；

$\quad\quad M$——掺杂量，g；

$\quad\quad C_X$——硅单晶头部的杂质浓度；

$\quad\quad C_m$——母合金杂质浓度。

**【例 8-2】**　装入 60kg 高纯多晶硅，拉制成 $8 \sim 12 \Omega \cdot \text{cm}$ 的掺磷单晶硅，需要掺入 $6 \times 10^{-3} \Omega \cdot \text{cm}$ 的母合金多少克？

**解**　以头部为 $11 \Omega \cdot \text{cm}$ 计算掺杂较有保证，查附录 2 得

$$C_X = 4 \times 10^{14}$$

查 $6 \times 10^{-3} \Omega \cdot \text{cm}$ 对应的　$\quad C_m = 1.1 \times 10^{19}$

$$W = 60000 \text{g}$$

代入式（8-3）得 $M = 60000 \times \dfrac{4 \times 10^{14}}{0.35 \times 1.1 \times 10^{19} - 4 \times 10^{14}} = 6.85 \ (\text{g})$

（3）区熔硅单晶的掺杂

① 液体掺杂。事先将高纯五氧化二磷（或三氧化二硼）称量好熔入定量的无水乙醇中，并搅拌均匀，制成浓度均匀的掺杂液（可以计算出浓度来），密封保存，足以用较长时间，取用后立即盖上，以防乙醇挥发。

当区熔料经过提纯符合成晶要求时，要重新腐蚀清洗烘干备用，送去成晶前进行液体掺杂。用内径很细的石英玻璃吸管（上面标有计量刻度），吸入定量的掺杂液，从头到尾引流在整支硅棒上，要求成一条线，均匀分布，成晶完成后再进行电阻率测量，下一支做适当的修正。这种方法难以控制，准确性较差。

② 气体掺杂。N 型掺杂时用磷烷（$PH_4$）、砷烷（$AsH_4$）特种气体；P 型掺杂用硼烷（$BH_4$）特种气体，然后用氩气携带（同时起稀释作用）该掺杂气体进入炉室，吹在熔区上。可以通过调节气体流量流速来控制掺杂量。

③ 中子嬗变掺杂（NTD）。在核反应堆中，装入需要中子辐照的单晶，利用核反应堆中产生的热中子 n，对硅单晶进行透射，这时硅的三种同位素（$Si_{14}^{28}$、$Si_{14}^{29}$、$Si_{14}^{30}$）都会俘获 n 后而发生转变，其中 $Si_{14}^{30}$ 在俘获一个热中子后变为 $Si_{14}^{31}$，同时放出 γ 射线，$Si_{14}^{31}$ 极不稳定，在释放出一个负电子后变成了磷元素成为 $P_{15}^{31}$，反应过程如下：

$$[Si_{14}^{31}] \xrightarrow[T=2.62K]{\beta} P_{15}^{31} + \beta^-$$

$$Si_{14}^{30} + n \longrightarrow [Si_{14}^{31}] + \gamma$$

由于 $Si_{14}^{30}$ 在硅单晶中的分布是很均匀的，而俘获热中子的概率也是相同的，所以，$P_{15}^{31}$ 在单晶中的分布也是均匀的，从而获得断面电阻率非常均匀的硅单晶，一般在 5％左右。为了提高均匀性，可以在辐照一半时间后将晶体掉头再辐照另一半时间，提高辐照均匀性，效果更佳。

这种方法只用于生产 N 型硅，电阻率较高的品种，如果电阻率较低，需要太长的辐照时间；辐照后的晶体要经过放射性衰减，计量检验合格后才能返给厂家，接下来在 800～850℃下进行热退火，消除晶格损伤，方能恢复其电活性。

### 8.7.3 更适用的掺杂计算

对直拉单晶，计算掺杂量是容易的，但实际结果和目标电阻率相差多少又是另一回事了，因为除了没有使用有效分凝系数 $K_{eff}$ 外，还有很多工艺因素无法计算，因此要对掺杂量进行修正。从附录 2 中可以看出，当目标电阻率上下相差不大时，每条曲线近乎呈正比例上升，至少在 10 倍的电阻率变化范围内可以看成直线，所以在装料量不变时，掺杂量与电阻率成反比，可用下式进行修正，既简单又适用。

$$\frac{M_1}{M_2} = \frac{\rho_2}{\rho_1} \longrightarrow M_2 = M_1 \frac{\rho_1}{\rho_2}$$

式中　$M_1$——修正前的掺杂量；

　　　$M_2$——修正后的掺杂量；

　　　$\rho_1$——修正前的目标电阻率；

　　　$\rho_2$——修正后的目标电阻率。

此外，母合金浓度不变，要求的目标电阻率不变，那么不同的装料量和需要的掺杂量成正比

$$\frac{W_A}{W_B} = \frac{M_A}{M_B}$$

式中　$W_A$——A 炉的装料量；

　　　$W_B$——B 炉的装料量；

　　　$M_A$——A 炉的掺杂量；

　　　$M_B$——B 炉的掺杂量。

另外，在装料量不变、目标电阻率不变，仅仅改变了母合金浓度时，掺杂量和浓度成反比

$$\frac{M_a}{M_b} = \frac{C_b}{C_a}$$

式中 $M_a$——改变母合金浓度前的掺杂量；

　　$M_b$——改变母合金浓度后的掺杂量；

　　$C_a$——原来用的母合金浓度；

　　$C_b$——新启用的母合金浓度。

如果用料很杂，可以分开计算，假若还没有把握，可以在拉晶时先拉一段小单晶，提高到副室取出后送检测，再酌情进行修正。电阻率低了可以加料；高了可以补掺。不过，事先得具备相应的手段才行。

其实，硅单晶的电阻率纵向分布以及横截面的均匀性都是由于杂质的分凝系数不同引起的，于是出现了一种技术，即在拉制过程中不断注入硅熔体，使得熔体中的杂质浓度始终保持恒定，这样晶体中的电阻率几乎不变。再加上磁场法能阻滞溶体的热对流，从而可提高横截面的电阻率均匀性，大大提高了晶体性能。

## 习　题

8-1　什么叫"杂质"？为什么要除去硅中的杂质使纯度到6个"9"以上？

8-2　请写出11个"9"的百分式，并说明它的物理意义。

8-3　什么叫"掺杂"？掺杂的目的是什么？

8-4　什么叫电子导电？什么叫空穴导电？导电的机理是怎样的？

8-5　常用的掺杂剂有哪些？各对应什么导电类型？

8-6　什么叫扩散效应？它和哪些因素有关？

8-7　什么叫蒸发效应？它和哪些因素有关？

8-8　蒸发时间常数是怎样确定的？哪些元素在硅熔体中蒸发最快？

8-9　什么叫分凝效应？

8-10　什么叫平衡分凝系数？写出数学式并描述其物理意义，画出 $K_0 < 1$ 和 $K_0 > 1$ 时固液相中的杂质浓度分布图。

8-11　什么叫平衡分凝系数？画出 $K_0 < 1$ 和 $K_0 > 1$ 时固液相中的杂质浓度分布图。

8-12　仔细分析 $f$、$\delta$、$K_{eff}$ 之间的关系。

8-13　分别画出顺序凝固和区域熔化固相中的杂质浓度分布曲线，并说明形成这种分布的原因。

8-14　什么是掺杂极限？它与哪些因素有关？

8-15　设装料90kg，拉制 P 型掺磷单晶，电阻率为 $4\sim8\Omega\cdot cm$，要掺 $3\times10^{-3}\Omega\cdot cm$ 母合金多少克？

8-16　上炉掺入电阻率为 $3\times10^{-3}\Omega\cdot cm$ 的母合金10.5g，现在换成 $5\times10^{-3}\Omega\cdot cm$ 母合金，需要多少克？

8-17　装料量、母合金都未变，原来掺入8.3g得到头部电阻率为 $12.6\Omega\cdot cm$，要得到头部电阻率为 $8.0\Omega\cdot cm$，要掺入多少母合金？

# 附录 1　硅的物理化学性质（300K）

| 性　　质 | 符　　号 | 单　　位 | 硅（Si） |
|---|---|---|---|
| 原子序数 | | | 14 |
| 原子量 | | | 28.085 |
| 原子键 | | | 共价键 |
| 原子价 | | | 4 价 |
| 固体密度 | $\rho_S$ | $10^{-3}\,kg/cm^3$ | 2.329 |
| 液态密度 | $\rho_L$ | $10^{-3}\,kg/cm^3$ | 2.533 |
| 晶体结构 | | | 金刚石 |
| 晶格常数 | $a$ | nm | 0.543102 |
| 原子密度 | | 个/$cm^3$ | $4.99 \times 10^{22}$ |
| 熔点 | $T_m$ | | 1685（K） |
| | | | 1420（℃） |
| 比热容 | $c_p$ | J/(g·K) | 0.7 |
| 蒸发热 | | (kJ/g) | 16（熔点） |
| 热导率 | $K$ | W/(cm·K) | 1.56 |
| 热膨胀系数 | | $10^{-6}\,K^{-1}$ | 2.59 |
| 折射率 | $n$ | | 3.4223（5.0$\mu m$） |
| 静电介电常数 | $\varepsilon_0$ | | 11.9 |
| 本征载流子浓度 | $n_i$ | 个/$cm^3$ | $1.5 \times 10^{10}$ |
| 本征电阻率 | $\rho_i$ | Ω·cm | $2.3 \times 10^5$ |
| 电子亲和能 | | eV | 4.05 |
| 电子迁移率 | $\mu_n$ | $cm^2/V·s$ | $1350 \pm 100$ |
| 空穴迁移率 | $\mu_p$ | $cm^2/V·s$ | $480 \pm 15$ |
| 电子扩散系数 | $D_n$ | $cm^2/s$ | 34.6 |
| 空穴扩散系数 | $D_p$ | $cm^2/s$ | 12.3 |
| 电子有效质量 | $m_n$ | g | 纵向　0.9163 |
| | | | 横向　0.1905 |
| 空穴有效质量 | $m_p$ | g | 轻空穴　0.153 |
| | | | 重空穴　0.537 |
| 熔化热 | $I_n$ | kJ/g | 1.8 |
| 器件最高工作温度 | | | 250℃ |
| 临界温度 | $T_c$ | ℃ | 4886 |
| 临界压强 | $P_c$ | MPa | 53.6 |
| 硬度 | | 摩氏/努氏 | 6.5/950 |
| 折射率 | | | 3.42 |
| 表面张力 | $\gamma$ | mN/m | 736（熔点） |
| 禁带宽度 | | (eV)(300K) | 1.1242 |

# 附录 2　硅中杂质浓度和电阻率关系

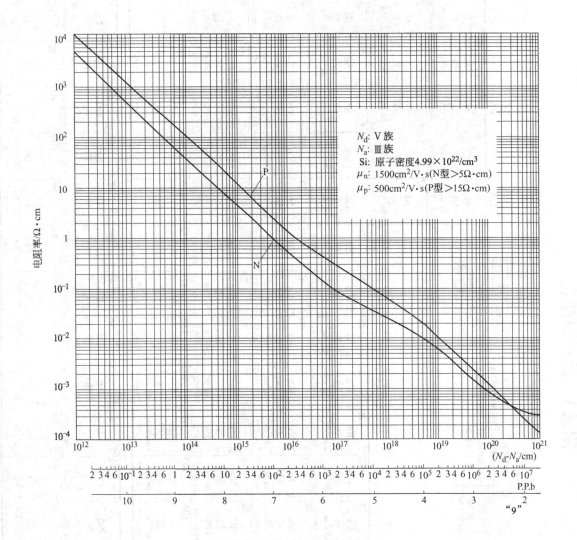

$N_d$: V族
$N_a$: Ⅲ族
Si: 原子密度 $4.99 \times 10^{22}/cm^3$
$\mu_n$: 1500cm²/V·s (N型 >5Ω·cm)
$\mu_p$: 500cm²/V·s (P型 >15Ω·cm)

# 附录3　元素周期表

氧化态（单质的氧化态为0，未列入；常见的为红色）

以 $^{12}C=12$ 为基准的相对原子质量（注＋的是半衰期最长同位素的相对原子质量）

| | | | |
|---|---|---|---|
| 95 | 原子序数 | s区元素 | p区元素 |
| Am 镅＾ | 元素符号（红色的为放射性元素）元素名称（注＾的为人造元素） | d区元素 | ds区元素 |
| $5f^77s^2$ 243.06＋ | 价层电子构型 | f区元素 | 稀有气体 |

| 族周期 | 1 IA | 2 IIA | 3 IIIB | 4 IVB | 5 VB | 6 VIB | 7 VIIB | 8 | 9 VIIIB | 10 | 11 IB | 12 IIB | 13 IIIA | 14 IVA | 15 VA | 16 VIA | 17 VIIA | 18 VIIIA | 电子层 |
|---|---|---|---|---|---|---|---|---|---|---|---|---|---|---|---|---|---|---|---|
| 1 | 1 H 氢 $1s^1$ 1.00794(7) | | | | | | | | | | | | | | | | | 2 He 氦 $1s^2$ 4.002602(2) | K |
| 2 | 3 Li 锂 $2s^1$ 6.941(2) | 4 Be 铍 $2s^2$ 9.012182(3) | | | | | | | | | | | 5 B 硼 $2s^22p^1$ 10.811(7) | 6 C 碳 $2s^22p^2$ 12.0107(8) | 7 N 氮 $2s^22p^3$ 14.0067(2) | 8 O 氧 $2s^22p^4$ 15.9994(3) | 9 F 氟 $2s^22p^5$ 18.9984032(5) | 10 Ne 氖 $2s^22p^6$ 20.1797(6) | L K |
| 3 | 11 Na 钠 $3s^1$ 22.989770(2) | 12 Mg 镁 $3s^2$ 24.3050(6) | | | | | | | | | | | 13 Al 铝 $3s^23p^1$ 26.981538(2) | 14 Si 硅 $3s^23p^2$ 28.0855(3) | 15 P 磷 $3s^23p^3$ 30.973761(2) | 16 S 硫 $3s^23p^4$ 32.065(5) | 17 Cl 氯 $3s^23p^5$ 35.453(2) | 18 Ar 氩 $3s^23p^6$ 39.948(1) | M L K |
| 4 | 19 K 钾 $4s^1$ 39.0983(1) | 20 Ca 钙 $4s^2$ 40.078(4) | 21 Sc 钪 $3d^14s^2$ 44.955910(8) | 22 Ti 钛 $3d^24s^2$ 47.867(4) | 23 V 钒 $3d^34s^2$ 50.9415 | 24 Cr 铬 $3d^54s^1$ 51.9961(6) | 25 Mn 锰 $3d^54s^2$ 54.938049(9) | 26 Fe 铁 $3d^64s^2$ 55.845(2) | 27 Co 钴 $3d^74s^2$ 58.933200(9) | 28 Ni 镍 $3d^84s^2$ 58.6934(2) | 29 Cu 铜 $3d^{10}4s^1$ 63.546(3) | 30 Zn 锌 $3d^{10}4s^2$ 65.409(4) | 31 Ga 镓 $4s^24p^1$ 69.723(1) | 32 Ge 锗 $4s^24p^2$ 72.64(1) | 33 As 砷 $4s^24p^3$ 74.92160(2) | 34 Se 硒 $4s^24p^4$ 78.96(3) | 35 Br 溴 $4s^24p^5$ 79.904(1) | 36 Kr 氪 $4s^24p^6$ 83.798(2) | N M L K |
| 5 | 37 Rb 铷 $5s^1$ 85.4678(3) | 38 Sr 锶 $5s^2$ 87.62(1) | 39 Y 钇 $4d^15s^2$ 88.90585(2) | 40 Zr 锆 $4d^25s^2$ 91.224(2) | 41 Nb 铌 $4d^45s^1$ 92.90638(2) | 42 Mo 钼 $4d^55s^1$ 95.94(2) | 43 Tc 锝 $4d^55s^2$ 97.907＋ | 44 Ru 钌 $4d^75s^1$ 101.07(2) | 45 Rh 铑 $4d^85s^1$ 102.90550(2) | 46 Pd 钯 $4d^{10}$ 106.42(1) | 47 Ag 银 $4d^{10}5s^1$ 107.8682(2) | 48 Cd 镉 $4d^{10}5s^2$ 112.411(8) | 49 In 铟 $5s^25p^1$ 114.818(3) | 50 Sn 锡 $5s^25p^2$ 118.710(7) | 51 Sb 锑 $5s^25p^3$ 121.760(1) | 52 Te 碲 $5s^25p^4$ 127.60(3) | 53 I 碘 $5s^25p^5$ 126.90447(3) | 54 Xe 氙 $5s^25p^6$ 131.293(6) | O N M L K |
| 6 | 55 Cs 铯 $6s^1$ 132.90545(2) | 56 Ba 钡 $6s^2$ 137.327(7) | 57~71 La~Lu 镧系 | 72 Hf 铪 $5d^26s^2$ 178.49(2) | 73 Ta 钽 $5d^36s^2$ 180.9479(1) | 74 W 钨 $5d^46s^2$ 183.84(1) | 75 Re 铼 $5d^56s^2$ 186.207(1) | 76 Os 锇 $5d^66s^2$ 190.23(3) | 77 Ir 铱 $5d^76s^2$ 192.217(3) | 78 Pt 铂 $5d^96s^1$ 195.078(2) | 79 Au 金 $5d^{10}6s^1$ 196.96655(2) | 80 Hg 汞 $5d^{10}6s^2$ 200.59(2) | 81 Tl 铊 $6s^26p^1$ 204.3833(2) | 82 Pb 铅 $6s^26p^2$ 207.2(1) | 83 Bi 铋 $6s^26p^3$ 208.98038(2) | 84 Po 钋 $6s^26p^4$ 208.98＋ | 85 At 砹 $6s^26p^5$ 209.99＋ | 86 Rn 氡 $6s^26p^6$ 222.02＋ | P O N M L K |
| 7 | 87 Fr 钫 $7s^1$ 223.02＋ | 88 Ra 镭 $7s^2$ 226.03＋ | 89~103 Ac~Lr 锕系 | 104 Rf 钅卢 $6d^27s^2$ 261.11＋ | 105 Db 钅杜 $6d^37s^2$ 262.11＋ | 106 Sg 钅喜 $6d^47s^2$ 263.12＋ | 107 Bh 钅波 $6d^57s^2$ 264.12＋ | 108 Hs 钅黑 $6d^67s^2$ 265.13＋ | 109 Mt 钅麦 $6d^77s^2$ 266.13 | 110 Ds 钅达 (269) | 111 Rg 钅仑 (272)＋ | 112 Uub＾ (277)＋ | 113 Uut＾ (278)＋ | 114 Uuq＾ (289)＋ | 115 Uup＾ (288)＋ | 116 Uuh＾ (289)＋ | | | Q P O N M L K |

★ 镧系

| | 57 La★ 镧 $5d^16s^2$ 138.9055(2) | 58 Ce 铈 $4f^15d^16s^2$ 140.116(1) | 59 Pr 镨 $4f^36s^2$ 140.90765(2) | 60 Nd 钕 $4f^46s^2$ 144.24(3) | 61 Pm 钷＾ $4f^56s^2$ 144.91＋ | 62 Sm 钐 $4f^66s^2$ 150.36(3) | 63 Eu 铕 $4f^76s^2$ 151.964(1) | 64 Gd 钆 $4f^75d^16s^2$ 157.25(3) | 65 Tb 铽 $4f^96s^2$ 158.92534(2) | 66 Dy 镝 $4f^{10}6s^2$ 162.500(1) | 67 Ho 钬 $4f^{11}6s^2$ 164.93032(2) | 68 Er 铒 $4f^{12}6s^2$ 167.259(3) | 69 Tm 铥 $4f^{13}6s^2$ 168.93421(2) | 70 Yb 镱 $4f^{14}6s^2$ 173.04(3) | 71 Lu 镥 $4f^{14}5d^16s^2$ 174.967(1) |
|---|---|---|---|---|---|---|---|---|---|---|---|---|---|---|---|

★ 锕系

| | 89 Ac★ 锕 $6d^17s^2$ 227.03＋ | 90 Th 钍 $6d^27s^2$ 232.0381(1) | 91 Pa 镤 $5f^26d^17s^2$ 231.03588(2) | 92 U 铀 $5f^36d^17s^2$ 238.02891(3) | 93 Np 镎 $5f^46d^17s^2$ 237.05＋ | 94 Pu 钚 $5f^67s^2$ 244.06＋ | 95 Am 镅＾ $5f^77s^2$ 243.06＋ | 96 Cm 锔＾ $5f^76d^17s^2$ 247.07＋ | 97 Bk 锫＾ $5f^97s^2$ 247.07＋ | 98 Cf 锎＾ $5f^{10}7s^2$ 251.08＋ | 99 Es 锿＾ $5f^{11}7s^2$ 252.08＋ | 100 Fm 镄＾ $5f^{12}7s^2$ 257.10＋ | 101 Md 钔＾ $5f^{13}7s^2$ 258.10＋ | 102 No 锘＾ $5f^{14}7s^2$ 259.10＋ | 103 Lr 铹＾ $5f^{14}6d^17s^2$ 260.11＋ |
|---|---|---|---|---|---|---|---|---|---|---|---|---|---|---|---|

# 附录4 立方晶系各晶面（或晶向）间的夹角

**立方晶系各晶面（或晶向）间的夹角**

| 〈HKL〉 | 〈hkl〉 | (HKL)与(hkl)(或晶向)间的夹角 | | | | | |
|---|---|---|---|---|---|---|---|
| 100 | 100 | 0°00′ | 90°00′ | | | | |
| | 110 | 45°00′ | 90°00′ | | | | |
| | 111 | 54°44′ | | | | | |
| | 210 | 26°34′ | 63°26′ | 90°00′ | | | |
| | 211 | 35°16′ | 65°54′ | | | | |
| | 221 | 48°11′ | 70°32′ | | | | |
| | 310 | 18°26′ | 71°34′ | 90°00′ | | | |
| | 311 | 25°14′ | 72°27′ | | | | |
| 110 | 110 | 0°00′ | 60°00′ | 90°00′ | | | |
| | 111 | 35°16′ | 90°00′ | | | | |
| | 210 | 18°26′ | 50°46′ | 71°34′ | | | |
| | 211 | 30°00′ | 54°44′ | 73°13′ | 90°00′ | | |
| | 221 | 19°28′ | 45°00′ | 76°22′ | 90°00′ | | |
| | 310 | 26°34′ | 47°52′ | 63°26′ | 77°05′ | | |
| | 311 | 31°29′ | 64°46′ | 90°00′ | | | |
| 111 | 111 | 0°00′ | 70°32′ | | | | |
| | 210 | 39°14′ | 75°02′ | | | | |
| | 211 | 19°28′ | 61°52′ | 90°00′ | | | |
| | 221 | 15°47′ | 54°44′ | 78°54′ | | | |
| | 310 | 43°05′ | 68°35′ | | | | |
| | 311 | 29°30′ | 58°31′ | 79°59′ | | | |
| 210 | 210 | 0°00′ | 36°52′ | 53°08′ | 66°25′ | 78°28′ | 90°00′ |
| | 211 | 24°05′ | 43°05′ | 56°47′ | 79°29′ | 90°00′ | |
| | 221 | 26°34′ | 41°50′ | 53°24′ | 63°26′ | 72°39′ | 90°00′ |
| | 310 | 8°08′ | 31°57′ | 45°00′ | 64°54′ | 73°34′ | 81°52′ |
| | 311 | 19°17′ | 47°37′ | 66°08′ | 82°15′ | | |
| 211 | 211 | 0°00′ | 33°34′ | 48°11′ | 60°00′ | 70°32′ | 80°24′ |
| | 221 | 17°43′ | 35°16′ | 47°07′ | 65°54′ | 74°13′ | 82°11′ |
| | 310 | 25°21′ | 42°13′ | 58°55′ | 75°02′ | 82°35′ | |
| | 311 | 10°01′ | 42°23′ | 60°30′ | 75°45′ | 90°00′ | |
| 221 | 221 | 0°00′ | 27°16′ | 38°56′ | 63°37′ | 83°37′ | 90°00′ |
| | 310 | 32°31′ | 42°27′ | 58°11′ | 65°04′ | 83°57′ | |
| | 311 | 25°14′ | 45°17′ | 59°50′ | 72°27′ | 84°14′ | |
| 310 | 310 | 0°00′ | 27°16′ | 36°52′ | 53°08′ | 72°32′ | 84°16′ |
| | 311 | 17°33′ | 42°27′ | 55°06′ | 67°35′ | 79°06′ | 90°00′ |
| 311 | 311 | 0°00′ | 35°06′ | 50°29′ | 62°58′ | 84°47′ | |

# 附录 5 无尘室的分级标准

### 美国联邦 209D 标准的无尘室分级

| 级别（T） | 分级限值（所有粒径） | | | | |
|---|---|---|---|---|---|
| | 大于或等于表中粒径的最大浓度限值/(pc/ft³) | | | | |
| | 0.1$\mu$m | 0.2$\mu$m | 0.3$\mu$m | 0.5$\mu$m | 5$\mu$m |
| 1 | 35 | 7.5 | 3 | 1 | |
| 10 | 350 | 75 | 30 | 10 | |
| 100 | | 750 | 300 | 100 | |
| 1000 | | | | 1000 | |
| 10000 | | | | 10000 | 70 |
| 100000 | | | | 100000 | 700 |

# 参 考 文 献

[1]　刘恩科等. 半导体物理学. 第 7 版. 北京：电子工业出版社，2008.

[2]　张撅宗. 硅单晶抛光片的加工技术. 北京：化学工业出版社，2005.

[3]　梁宗存等. 多晶硅与硅片生产技术. 北京：化学工业出版社，2014.